红富士苹果生产关键技术

（第2版）

汪景彦　隋秀奇　主　编

金盾出版社

内 容 提 要

本书由中国农业科学院果树研究所研究员汪景彦和烟台现代果业科学研究院院长、高级农艺师隋秀奇等共同编写。作者针对当前红富士苹果生产技术现状分六个方面展开了详细介绍，包括红富士苹果生产存在的问题、早期丰产技术、高产稳产技术、优质生产技术、主要病虫害的防治以及防灾减灾技术等，内容针对性强，技术先进、简化、省工，符合当前生产需要。可供广大果农、科技人员和农林院校师生参考应用。

图书在版编目（CIP）数据

红富士苹果生产关键技术/汪景彦，隋秀奇主编；李壮等编著．—2 版．—北京：金盾出版社，2024.7

ISBN 978-7-5186-1794-4

Ⅰ.①红… Ⅱ.①汪… ②隋… ③李… Ⅲ.①苹果—果树园艺 Ⅳ.①S661.1

中国国家版本馆 CIP 数据核字（2024）第 074910 号

红富士苹果生产关键技术（第 2 版）

HONGFUSHI PINGGUO SHENGCHAN GUANJIAN JISHU

汪景彦　隋秀奇　主　编

出版发行：金盾出版社
地　　址：北京市丰台区晓月中路 29 号
邮政编码：100165
电　　话：（010）68276683
（010）68214039
印刷装订：北京天宇星印刷厂
经　　销：新华书店

开　　本：710mm×1000mm　1/16
印　　张：10
字　　数：166 千字
版　　次：1996 年 6 月第 1 版
2024 年 7 月第 2 版
印　　次：2024 年 7 月第 13 次印刷
印　　数：101501～104500 册
定　　价：49.00 元

编委会

主　编　汪景彦　隋秀奇

副主编　李　壮　于　泳　王以胜

编　著　（以姓氏笔画为序）

丁焕全　于　泳　王　禹　王以胜　刘　颖

刘万达　李　壮　李燕青　吴思军　汪景彦

张　毅　隋秀奇　魏佳峰

再版前言

《红富士苹果生产关键技术》一书，由金盾出版社1996年出版第一版，后重印12次，印数10万余册，深受广大果农欢迎。我国于20世纪60年代后期从日本引进红富士苹果，在我国经过数十年的发展，红富士苹果生产面积已占苹果生产总面积的49.62%，2015年红富士苹果产量3 087.22万吨，占苹果总产量的72.45%。在各省区红富士苹果的比重是：新疆90%以上、山东83.3%、陕西76.85%。2016年红富士比例达72%以上，其中，陕西省红富士产量占全省苹果总产量的77%，山东省红富士产量占全省苹果总产量的83%，新疆红富士占全疆苹果总产量的95%以上。红富士苹果已成为我国出口创汇的主打品种和支柱产业。随着生产的发展和技术进步，育种家陆续选育出许多优新品种，礼富1号、烟富8号、懒富等相继问世。栽培技术上前些年大力推广套袋栽培，近年因劳力紧缺、昂贵，故提倡无套栽培。据调查，辽宁省绥中县牛羊沟村，上千公顷红富士套袋时，一天230元雇不到工，群众十分为难，急需无袋栽培技术。按传统修剪习惯，雇用一个修剪工每天需200元以上，每667m^2盛果期树需要5～6个工，即需要1 000元以上。因此急需省工简化技术，修剪技术也需改进，符合果农需要。为满足生产需求，修订时我们在原书基础上，增加优新品种介绍，增加改进技术，总结栽培经验，终成此书，供广大读者参考应用，愿本书能为把我国建设成苹果生产大国、强国贡献一份力量。由于水平所限，难免错漏，望业内同行，批评指正。

编　者

目　　录

一、红富士苹果生产存在的问题

自1993年开始，很多果农陆续砍伐老品种苹果树换红富士，至20世纪90年代末，全国大面积砍伐老品种苹果树进入高潮，这是中国苹果产业中一次大变局，同时也奠定了红富士成为各苹果产区主栽品种的地位。但由于新老果区栽植过快，技术培训跟不上，生产者技术经验不足，栽培条件较差，投资能力所限等原因，致使红富士苹果生产存在下述严重问题。

第一，幼树结果晚。栽后5～6年结果寥寥，不修剪不结果；即使结果进入丰产期后，大小年差异也相当明显，有时大年之后，要歇两年，才能在第三年丰产。

第二，果实内质差，外观品质不高(如：果形偏斜，果个偏小，着色不良)，缺乏市场竞争能力，影响出口创汇。

第三，病害严重，树势弱，烂果多，损失率达20%～60%，甚至绝产。另外，果实污染严重，影响食用和出口。

第四，红富士抗寒性差，一旦遇到周期性冻害，就造成果园残缺不全，有的果实失去经营价值等。

上述这些问题给果农带来了巨大的经济损失，也挫伤了部分果农的生产积极性。笔者长年深入苹果产区，体察生产问题，熟悉果农要求，理解果农的心情。在苹果市场十分活跃、竞争激烈的情况下，如何使大面积红富士苹果树早实丰产，稳产优质，提高竞争能力，降低成本，减少损失，增加纯收益，早达"小康"奔大富，是大家的共同愿望和目标。鉴于此，笔者整理手头资料，分析近年科技成果，总结各地先进技术经验，针对上述四大难题，本书下面各部分详尽地介绍了红富士苹果早期丰产技术、高产稳产技术、优质生产技术，以及主要病虫害防治技术、防灾减灾技术。这些技术如能切实用于红富士苹果生产，定会在短期内产生理想的生产效果。

二、红富士苹果早期丰产技术

自2010年以来，红富士苹果早实丰产园不断涌现，栽植面积逐年剧增。但由于果农技术水平、栽培条件等所限，在生产上便出现了一批适龄不结果园和结果树低产果园。为了避免果园出现这些问题，果农必须总结早实丰产经验，加大果园投资力度，力争在短期内，落实各项技术措施，取得明显的生产效果。

（一）幼树早实丰产优质的树相指标

1. 树龄

矮砧、短枝型苹果树3～6年生、乔砧苹果树3～8年生、高接苹果枝龄3～5年生。

2. 产量

每667m^2产量300～1 000kg。

3. 枝量

每667m^2枝量1.5万～5万个。

4. 留花量

每667m^2留花量1 800～6 000个。

5. 留果量

每667m^2留果量1 600～5 000个。

6. 果实质量

平均单果重200g以上，一级果达80%以上，果实着色面70%以上，果实可溶性固形物含量14%以上。

7. 干周粗度

距地面 30cm 处，乔砧苹果树 20cm 以上，矮砧苹果树 15cm 以上。

8. 枝类比

长枝（16cm 以上）、中枝（6～15cm）、短枝（5cm 以下）之比为 2∶1∶7。其中，有效短枝（5 片叶以上）占 60%以上。

9. 新梢生长量

15cm 以上的新梢平均长为 35cm 左右。

10. 封顶枝

即 6 月底前新梢停止生长的枝，占全树新梢的 80%左右。

11. 枝果比

即当年各类新梢总量与果实数量之比，为(5～6)∶1。

12. 花、叶芽比

修剪后计算花芽与叶芽这比为 1∶(3～4)，或花芽占全树总芽量的 30%左右。

13. 花芽分化率

剪前全树花芽量占全树总芽量的 25%～30%。

14. 单叶面积

除基部“豆叶”外，平均单叶面积为 30～38cm^2。

15. 叶色值

按 8 级区分，以 5～5.5 级为宜，叶片呈淡绿色。

16. 叶片含氮量

7 月份外围新梢的中部叶片含氮 2.3%～2.5%。

(二)适龄不结果、低产的原因分析

红富士苹果是个丰产品种，结果早晚与综合管理条件密切相关。管得好的果园，栽后 3 年结果，5 年丰产，一般每 667m^2 产 1 000kg 左右，高者 2 400～3 000kg，

6年生最高达8 000kg。但有些果园栽后4～5年,成花寥寥,结果无几,其主要原因如下。

1. 重栽轻管、盲目栽植

树苗栽后,没把果树当成主业去抓,认为“有苗不愁长,到时候就丰产”,仍把主要精力、肥料等放在间作物上,有时把间作物种到树干根前,甚至种高秆作物(玉米、高粱、向日葵等),致使幼树极度衰弱。

2. 肥水管理差

干旱时,不能及时浇灌,又无保墒措施;雨水多时,不能排水,造成涝害。有的果园水利条件好,只浇大水,很少施肥,导致果树徒长,虽然树冠很大,但枝条难以成花。有的果园土壤浅薄、肥力低下,很少施肥,尤其不施农家肥。每年秋季很少扩穴放树盘,土壤黏重、坚实,造成果树根系发育不良。树盘不经常耕作,杂草丛生,土壤板结。

3. 整形修剪不当

一种是放任生长,树形混乱不堪,多干、多头、多主枝,树冠直立,枝条郁蔽,结构不合理;一种是修剪过重,旺条丛生,树冠茂密,辅养枝与骨干枝齐头并进,养分过度分散,消耗多、积累少、不易成花。

4. 病虫害猖獗

树上无花、少果,喷药防治积极性不高。有的喷1～2次药,有的根本不喷药,自然造成叶片早落或被虫吃光。这种“恶性循环”的果园到处可见,应引起足够的重视。

5. 苹果产业专业人力资源缺乏、资金投入不足

种植者接受专业技能培训机会少,果树技术、信息来源较单一,办公资金不足,设施简陋,缺少机械化、自动化管理条件。

6. 对“果树是摇钱树”缺乏足够的认识

这是上述问题的根本原因。只有真正明白栽果树的意义,才能有动力、干劲和资金投入,加强果树管理。所以,先做好果农的思想工作,是十分重要的。

(三)早期丰产的对策与措施

1. 选用优质苗木建园

选用优质、纯正苗木建园是早期丰产的重要环节。栽植材料必须符合国家标准(GB 9847—2003)(表 2-1),最好不要栽“三当苗”,提倡栽“大苗”,采用符合国家苗木标准的长富 2 号、长富 6 号苗木建园。栽后第 3 年冬,长富 2 号、长富 6 号两个品种干径均可达到 4.4～4.5cm,冠径 1.4m 左右,枝量达到 42.7～46.7 个,新梢长 129.3～134.1cm,并有少量植株成花,为早期丰产奠定了基础。

表 2-1　苹果苗木等级规格指标

项目		1 级	2 级	3 级
基本要求		品种和砧木类型纯正,无检疫对象和严重病虫害,无冻害和明显的机械损伤,侧根分布均匀舒展、须根多,接合部和砧桩剪口愈合良好,根和茎无干缩皱皮		
D≥0.3mm、L≥20cm 的侧根[a]/条		≥5	≥4	≥3
D≥0.2mm、L≥20cm 的侧根[b]/条		≥10		
根砧长度/cm	乔化砧苹果苗	≤5		
	矮化中间砧苹果苗	≤5		
	矮化自根砧苹果苗	15～20,但同一批苹果苗木变幅不得超过 5		
中间砧长度/cm		20～30,但同一批苹果苗木变幅不得超过 5		
苗木高度 cm		>120	>100～120	>80～100
苗木粗度/cm	乔化砧苹果苗	≥1.2	≥1.0	≥0.8
	矮化中间砧苹果苗	≥1.2	≥1.0	≥0.8
	矮化自根砧苹果苗	≥1.0	≥0.8	≥0.6
倾斜度/(°)		≤15		
整形带内饱满芽数/个		≥10	≥8	≥6

注:D 指粗度;L 指长度;a 包括乔化砧苹果苗和矮化中间砧苹果苗;b 指矮化自根砧苹果苗。

(1)育大苗的方法

① 地块选择　育大苗的苗圃,应选在土层深厚、土质肥沃的沙壤地,也可在

幼树果园行间和即将建园的地段,把要栽到3～4行上的苗木,集中栽到1行上,待树长到2～3年后,再移栽到果园定植穴内。

② 栽植距离　一般可按1m×1m、1m×2m或2m×1m的株行距栽植,以节省用地。

③ 就地育,就近栽　苗木成活率高,栽后缓苗期短,幼树生长旺盛。

(2)选用无病毒苗木

全世界共发现苹果病毒39种,我国已鉴定明确的只有6种(苹果花叶病毒、苹果锈果病毒、苹果绿皱果病毒、苹果褪绿叶斑病毒、苹果茎痘病毒、苹果茎沟病毒)。我国苹果树带病毒株率高达80%～100%,给生产造成巨大损失。无病毒苗木具有根系发达、生长健壮、整齐一致、结果早、产量高、果大光洁、需肥量少、抗逆性强、耐粗放管理等优点,因此无病毒栽培已成为世界趋势。

2. 合理密植

合理密植是取得前期产量的重要条件。栽植密度要因生态条件、砧-穗组合、管理水平、间作习惯、机械化程度、果园面积等因素而定。

(1)有、无病毒砧-穗组合株行距

一般无病毒植株生长旺盛,苗木、树体比有病毒植株大30%左右。因此,在同样条件下,其栽植距离要比有病毒植株大0.5～1m,以防群体提早郁密,不利于田间作业和产量、品质的提高(表2-2)。

表2-2　有、无病毒砧-穗组合栽植距离*

砧木类型	品种类型	有病毒		无病毒	
		行距/m	株距/m	行距/m	株距/m
乔砧	普通	5～6	4～4.5	5.5～6	4.5～5
	短枝	3.5～4	2～3	4～4.5	2.5～3.5
矮化中间砧	普通	3～4	2～3	3.5～4	2.5～3
	短枝	3～3.5	2～2.5	3.5～4	2.5～3
矮砧	普通	3～3.5	2～2.5	3.5～4	2.5～3
	短枝	2.5～3	1～1.5	3～3.5	1.5～2

*本表不包括计划密植。

(2)不同生态、管理条件下的株行距

红富士苹果树生长旺盛,树冠扩大快,但在不同生态、管理条件下,其生长表现有明显的差别。因此,在株行距设计上,要有区别(表 2-3)。

表 2-3 不同生态条件下红富士苹果树栽植株行距

砧木类型	生态、管理条件	苗栽株数	行距/m	株距/m
短枝型品种				
乔砧	平地、肥地,可灌溉	41～83	4	2～4
乔砧	山地,薄地,可灌溉	95～127	3.5	1.5～2
矮砧	平地,肥地,可灌溉	148～222	2.5～3	1.2～1.5
半矮砧	平地,肥力中等,可灌溉	83～127	3.5～4	1.5～2
普通型品种				
乔砧	海拔高,温度低,薄地,无灌溉条件	50～55	4～4.5	3
乔砧基砧、半矮化中间砧(M_7,MM_{106})	海拔中高,温度、雨量适中,生长期较长,肥水条件好	55～66	4	2.5～3
乔砧基砧、矮化中间砧(M_{26})	海拔中高,温度、雨量适中,生长期较长,肥水条件好	111～148	3	1.5～2

(3)计划密植

即用临时株短期(1～5 年)加密。为了取得早期更高的产量,可采用计划密植:即在永久株行间,加栽临时株,待群体过密时,再逐渐控制,最后间伐临时株。但应在适当时期去除临时株,否则,不但影响永久株的正常发育,而且影响苹果的产量、品质。

(4)栽植方式

以单行密植(宽行窄株、长方形栽植)应用较广,其好处是树冠通风透光,果实着色艳丽,行间作业方便。

(5)行向

在平地、滩地以南北行较好,树冠东西两侧受光均匀,吸收直射光多,有利果实着色。在山地、沟壑区,行向可随弯就势,因地制宜,以方便田间作业。

3. 配置授粉树

红富士苹果自花结实率较低,如长富 2 号只有 6.3%,但自然授粉坐果率较高，如长富2号可达71.9%，足以满足丰产需要。红富士对授粉树品种要求不严格，一般2倍体品种均可作授粉树。据国内外试验资料，红富士的授粉品种有：元帅系、金冠、鸡冠、秦冠、津轻、金矮生、印度、祝光、世界一、金星、千秋、东光、锦红、胜利、新红星、王林、国光、红玉等。

在配置授粉树时，主栽品种与授粉树的比例为4∶1左右。通常要求授粉树距主栽品种树不应大于30m。配置方式有等量式、少量式、中心式和复合式等。在主要靠风传粉时，可将授粉树栽到果园外沿的上风方向；在主要靠昆虫传粉时，可采用单行或多行式排列；在利用蜜蜂传粉的情况下，应将授粉树栽在株间(行上)。

4. 精细栽植

苗木栽植质量好坏，直接关系到幼树全、齐、壮，而幼树全、齐、壮又是早期丰产的基础。

(1)挖好定植沟(穴)，施足基肥

株距3m以上的果园，宜挖1m见方的坑或圆穴；株距2m左右的果园，宜挖深80cm、宽80～100cm的定植沟。挖掘时，拣出石块、料姜石等，将表土、底土分放。回填时，先填表土，后填底土，边填边踏实。至离地面20～30cm时，覆盖一层掺好农家肥的土壤。在作物秸秆丰富的地区，每667m^2果园在沟、穴底分层放入2 000～4 000kg的秸秆和杂草等，并撒些氮肥，以加速分解。在20～40cm土层，即根系周围，株施土粪25～50kg、过磷酸钙1kg、磷酸二铵0.2kg，与表土混匀后填入。填到栽树高度处，做一中间高的馒头形土堆，以利根系均匀、舒展分布。有条件的果园，可先灌水沉实土壤，后栽苗，以免栽后树苗下沉，造成埋干，影响发苗。

(2)栽植技术

栽前，苗木要经过浸水、蘸泥浆等处理。在填好土、肥混合物的定植沟(穴)内，将苗木扶正，让嫁接口朝着主风向，注意舒展根系，边填土，边提苗，轻轻抖动苗干，然后踏实土壤，使根系与土壤密接，用土填到需要高度，做畦浇水。

苗木栽植深度与方法要因地确定与选择。一般以苗木接口与地面相平为宜；中间砧和自根砧苗木，接口应高出地面10cm左右，以防以后土壤下沉和砧、穗生根，影响矮化效果。

旱地、缺水地区，宜用旱栽法，趁土壤墒情好，苗木随挖随栽，以湿土填实。干旱、多风地区，宜用深坑浅栽法，即苗木深栽浅埋土，栽后定植穴离地面还有20～25cm的距离。这样既能蓄积雨雪，又能减少土壤失水。若在坑边修西北面防风墙，可防风增温，有利于幼树安全越冬和前期生长。盐碱地区，宜用低畦高埂躲盐栽植法：将苗木栽在高埂低畦内，低畦内保持土壤疏松，畦埂踏实；或定植穴埋土低于地面，穴沿踏实并修土埂。寒冷、干旱地区，宜用砧木建园法：在定植点直播砧木种子或栽砧木苗，2～3年后，用多头高（芽、枝）接法形成树冠。这样做的好处是既能提高红富士抗寒性、枝干的抗病性和早实丰产性，又能降低建园成本。

在春季化冻或萌芽前，灌足水后，在每株苗木树盘地面上，覆盖1m^{2}的地膜，以增温、保水，促进根系发育，缩短缓苗期，提高栽植成活率。在旱地和干旱季节，效果尤佳。

5. 加强土、肥、水管理

苗木栽后，加强土、肥、水管理，对于培养整齐、健壮的幼树十分重要。在连年秋季改土施肥条件下，根量以20～40cm土层中最多，其次是0～20cm土层，其他土层根量随土层加深呈递减趋势。在未改土施肥条件下，根量由浅到深呈递减趋势。因此，连年改土施肥可有效地提高下层土壤肥力，对增加根量和诱导根系深扎有良好效果。

（1）深翻改土，种植绿肥

通常，提倡秋季深翻改土，因秋季雨水多，断根愈合快，有利于再生新根。夏季深翻可抑制幼树旺长，有利于成花。幼龄果园，最好每年放树盘，即由定植沟（穴）向外扩展深翻30～50cm，挖深60～80cm或进行隔行深翻，每年在1侧挖沟深翻（深60～80cm，宽60cm左右）。沟内回填沃土或烂草、农家肥等。在有条件时，栽后可于行间种植毛苕子、三叶草等绿肥。据测定，绿肥区较对照区土壤水分、有机质、速效氮等含量有较明显的增加；而土壤容重、速效磷、速效钾含量有不同程度的下降。此外，每年树盘、树带都要进行深耕，具体时期多在果实采后，也可结合中耕除草进行，保持树下土松无杂草状态。

(2)实行果园覆盖制

果园土壤管理方法较多。目前,山地、旱地、薄地果园采用树盘、树带地膜、秸秆覆盖法,切实可行,符合国情,近年普及面积较大,仅山东省就达 3 333.4km^2,其余各苹果产区也有数千平方千米。其优点是果园保土、保肥、保水、保温,树势强、产量高、品质好。

① 覆盖地膜　值得注意的是,早春覆膜,幼树萌芽早,易受晚霜危害。盖膜前,新栽果园灌透水,待地表晾干、锄耙树盘后,围树干地面铺一块 1m^2 的地膜,令树盘中心稍洼,以集纳雨水。树干(根颈)周围用湿土压实,以免灼伤树干和保持土壤水分。地膜四周也压严,防风保湿。

② 覆盖秸秆　温暖地区四季均可覆盖。冬春寒冷地区,应在 5～6 月地温升高后覆盖,否则会加重抽条和霜害。覆盖前,先深翻浇水,后覆盖秸秆杂草。土层薄的园区,每株挖沟埋草 15～25kg,灌水覆土后,其上再覆草,更易发挥肥效。在根系分布范围内,除树干周围 0.5m 处不盖草外,均应盖秸秆(各种作物秸秆均可,以豆秸最好),厚度 15～20cm。幼树只宜盖树带或树盘,以节省覆盖材料。覆盖后,要星星点点压些土,以防风、防火。为保护根系和稳定地温,一般不要将覆盖物翻入地下。如沟施基肥时,可扒开覆盖物,施肥填平后,再把覆盖物盖好。几年后,待土壤含氮量显著增加时,可减少施氮量,以提高果实品质。

(3)增施有机肥,合理追肥

早实丰产园施肥水平普遍提高。

① 基肥　在时间上,提倡早秋施基肥。红富士苹果幼树新根总量(河北省中南部)有 2 次高峰,分别出现在 7～8 月和 12 月至次年 1 月之间。所以,幼园以 8 月至 10 月上旬施完基肥为宜,有利于根系愈合与再生,也利于树体贮藏营养。基肥用量随树体扩大而增加,一般每 667m^2 施 2 000～3 000kg 土杂肥。一些果园改用鸡、羊粪或绿肥,可酌情减量。单株,每年施 25～50kg 土粪,土、肥掺和或混施 1～2kg 磷肥,促根、壮树效果更好。

② 根部追肥　与基肥配合,满足幼树生长、扩冠、发枝的需要。幼树期根部追肥氮、磷、钾的比例为 2∶2∶1,氮肥稍多,有利于新梢生长;越冬抽条严重地

区，氮、磷、钾比例为1∶2∶1，控氮增磷，有利于控制新梢旺长；土壤肥力差的幼园，氮、磷、钾的比例为2∶2∶1；黄土高原果园，因土壤中缺磷，幼树追肥氮、磷、钾的比例应改为1∶2∶1。初果期树根部追肥氮、磷、钾的比例应改为2∶1∶2，增加氮肥比例可保持良好的树势。缺钙地区要降低钾肥比例，以提高根系对钙的吸收。纯氮施用量每年每株0.3～0.6kg，应视植株大小而定。

关于追肥时期，一般每年在6月上中旬和8月下旬追施2次为宜。前次追肥充分利用7～8月间新根总量最大的特点，提高肥料利用率，促进营养生长及果实膨大；后次追肥新梢多数已停长，根量仍较大，增加贮藏营养有利于树体安全越冬以及次年萌芽、成花。第一次追肥应占全年总追肥量的30%～40%，第二次占全年总追肥量的60%～70%。前次追肥氮用量可稍多，后次追肥磷用量可稍多。按上述方法施肥，4～5年生红富士树的花枝率分别达到26.6%和50.0%，每667m^2产量分别达到533.3kg和2 000kg。

③ 根外追肥　一般苗木定植后，从展叶始，每半月左右根外追施0.2%～0.3%尿素1次，连续2～3次，以恢复生长。秋季追施0.2%～0.3%磷酸二氢钾3～5次，有利于提高幼树越冬能力。

(4)加强土壤水分管理

① 新栽幼树　栽后立即灌水，有条件的果园，第一次灌水后表土半干时，再补灌1次，如遇春旱，还要灌第三次水。每次灌水量以水渗到40～50cm深为度。8月前遇伏旱，还要灌第四次水。

② 2～3年生幼树　为促进春梢生长，要增加春季灌水量，从发芽到春梢停长前，土壤相对湿度以60%～70%为宜。秋梢生长期，要适量减少或不灌水。雨多时，注意排水，防止秋梢旺长，有利于幼树越冬。干旱果园，春梢特短，秋梢强旺，注意排水，以利秋梢早停，安全越冬。

③ 初果期树(4～7年生)　此期要灌4～5次水，即在萌芽前、花前、春梢生长前期、果实膨大期、后期。在旱地果园，覆盖保墒，行之有效，应广泛应用。

灌水方法可采用漫灌、沟灌、喷灌、滴灌、渗灌等法，但以滴灌、渗灌省水，适于旱地应用。尽可能不用大水漫灌，因这种方法不但费水，而且灌后土壤板结，还需及时松土。

6. 整形修剪技术

(1)整形修剪发展趋势

随着科技的进步,红富士苹果树在整形修剪方面,有许多改进和提高,逐步形成几个明显的发展趋势。

① 修剪时期　由冬季修剪变为四季修剪。大多数密植园的夏季修剪量已占到全年修剪量的70%以上,“春刻芽,夏促花,秋拉枝,冬调整”,每季都有修剪工作,但工作量不大,从而缓解了树体的敏感反应,维持了树体的均衡生长。

② 修剪程度　变多短截为少短截,变重剪为轻剪,除骨干延长枝必须中截外,各类枝组、大小辅养枝,尽可能采用轻剪长放,开张角度,大多数拉平,极少短截,这有利于缓势、促短枝,早成花,多结果。

③ 树体结构　一是改大冠树为小冠树,变圆头形为圆锥形、纺锤形。如改主干疏层形为小冠疏层形,改纺锤形为改良纺锤形,变主、侧枝为各类枝组,修剪更为简化。二是改矮干为高干,因为主干矮,冠大易丰产;主干高,冠小易质优。过去主干40~60cm高,现在矮密红富士干高已达80~90cm,对培养高产、优质树形十分有利。三是改大枝呈层分布为均衡排列。如纺锤形的各侧生分枝每15~20cm均匀排列于中央领导干上,而不是疏层形呈现两、三层排列模式。注重枝的合理分布,而不是强调树形有固定结构;对侧生枝、各类枝组来说,有空间则留,无空间则疏,少空间则缩,不存在永久枝,通过放、缩、疏的修剪方法,使枝组、枝间通风透光,轮流结果与更新。

④ 枝组建设　通过中央领导干拉弯,控制上强下弱;把各领导干竞争枝拉平,使之变为结果能力强的枝组,一举两得。同时,在枝组内部关系上,安排好结果、预备、更新三套枝,确保稳产、优质、树壮。

(2)树形选择

因具体情况不同,选用不同树形,乔化稀植(每667m^2栽55株以下)宜用疏层形(三主枝半圆形)为主;半乔化、半矮化中度密植(每667m^2栽55~83株),宜用小冠疏层形、改良纺锤形、单层小冠半圆形、自由纺锤形等;矮化密植(每667m^2栽83株以上)宜用细长纺锤形、细长圆锥形小冠树形。

① 小冠疏层形

a. 树体结构：干高 40～60cm，树高、冠径均为 3m 左右。全树 4～5 个小主枝，分层排列，第一层 3 个主枝，第二层 1～2 个主枝，树旺留第三层 2 个主枝，一般盛果期只留 2 层主枝。第一层到第二层间距 70～80cm，第二层到第三层间距 50～60cm。第一层每个主枝上配备 1～2 个小侧枝，分两侧排列，第二层主枝以上，不留侧枝，只有各类枝组。主枝开张角度 70°左右（图 2-1）。

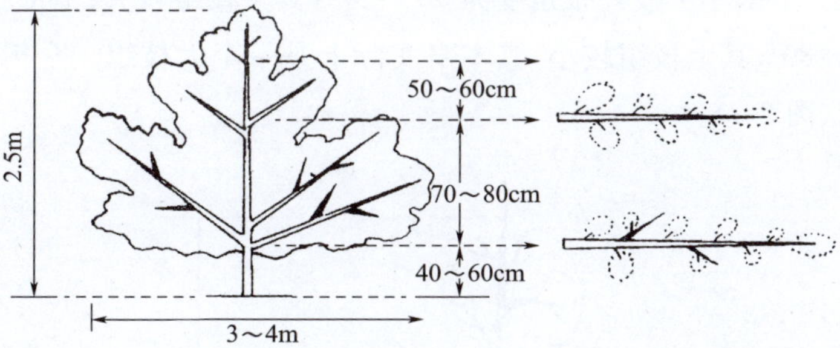

图 2-1　小冠疏层形

b. 整形方法：苗木栽后定干高度 50～70cm。以后及时疏除近地面 40cm 以内的萌芽和嫩梢，夏、秋季培养好 3～4 个发育良好、方位合适的新梢。选位置居中的强梢作为中央领导干的延长梢，用扭梢、重摘心、疏除等方法控制其竞争梢。第一年冬剪，强树的中央领导干延长枝，剪留 80～90cm，各主枝头剪留 40～50cm；弱树的中央领导干延长枝，剪留 40cm 左右，各主枝剪留 40～50cm。主枝基角 60°以上，其余枝尽量保留。第二、三年，选出第一、第二层主枝。第一层主枝层内距 10～30cm，每个主枝左右两侧各配备 1 个背斜方向的小侧枝。第一侧距中央领导干 50～60cm，第二侧距第一侧 50cm 左右。第一层与第二层间距保持 70～80cm，层间留几个拉平的辅养枝或大枝组，以增加早期产量。主枝开张角度 70°左右。每年主枝延长枝剪留 50cm 左右，剪口芽留外芽。第四、第五年冬剪，中央领导干延长枝剪留 50～60cm，主枝延长枝剪留 40～50cm，继续扩大树冠。各类枝组、辅养枝、竞争枝，尽量拉平，令其多出短枝，成花结果。待树冠即将交接时，第一层主枝头可停止短截，以缓势成花，控制树冠。其余主、侧枝可正常短截，1～2 年后也应长放，有利于树势和树冠的稳定。

② 自由纺锤形

a. 树体结构:中央领导干直立,干高40～50cm,树高2.5～3m,冠间尽量不交接,最后落头到需要的高度。在中央领导干上着生10～15个小主枝(即侧生分枝或较大枝组),不分层次,每20cm左右有1个小主枝,上下插空排列,平展、均匀伸向四方。下部小主枝长度1～2m,越往上越短。同方向上下小主枝间距应大于60cm。各小主枝上不安排侧枝,只着生各类枝组,其中,以短果枝及中、小枝组为主。下部小主枝开张角度为80°～90°,其上枝组较大;上部小主枝开张角度为70°～80°,其上枝组较小,其本身实际上是一个大枝组。全树上小下大,呈广圆锥形(图2-2)。

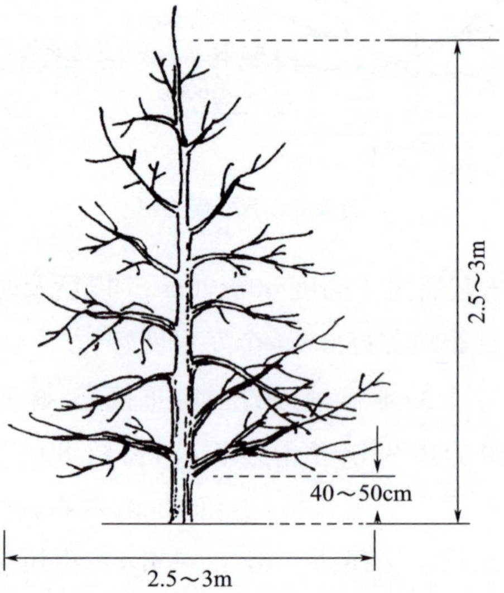

图2-2 自由纺锤形

b. 整形方法:栽后,好地、平地果园定干高度80～90cm,山地、薄地定干高度50～60cm。萌芽后刻芽,促进剪口下20～25cm范围内发枝。夏、秋季将新梢拧枝软化,达到70°～90°角,同时用疏除、重摘心、扭梢等方法控制竞争枝。第一年冬剪时,选择位置居中、生长健壮的1年生枝作中央领导干延长枝,剪留40～60cm,在枝量6～7个情况下,尽量疏除竞争枝,以免影响成形。在竞争枝以下,选3～4个长势均衡、互不重叠、靠近的长枝,剪留40cm左右。当1年生枝超过 1m 时，拉枝长放。第二年春、秋季，拉开主枝和辅养枝角度达到 70°～90°。夏季对背上直立旺梢，采用扭梢、摘心、疏除、捋枝等方法处理，不宜采取全部疏除的办法。第三年冬剪，除中央领导干延长枝剪留 50～60cm 外，其余长枝尽量少截。在上层再选留 2～3 个小主枝或 1～2 个辅养枝。以后，每年留 2 个小主枝，各剪留 40～50cm 长。对竞争枝仍然要严加控制，防止其大枝化，不使其扰乱树形。一般 4～5 年完成整形任务。

值得注意的是，该形小主枝虽有 10 余个，但每个小主枝上无侧枝，只求均匀分布，转圈插空互不重叠交叉。对上层小主枝不短截，令其单轴延伸。5～6 年后，可对中央领导头缓放、拉弯结果。当头弱时，适时落头，以降低树高。有发展空间时，小主枝尽量多留，任其发展。无发展余地时，可以酌情疏、缩小主枝，以改善光照。该树形比较灵活，小主枝可截可放，可长可短，不存在永久性大枝，但在修剪时，应尽量减轻修剪量，有利于扩大树冠，缓势成花，早实丰产。

③ 改良纺锤形

a. 树体结构：干高 40～60cm（定干高度 70～90cm），树高 2.5m，冠径 3m 左右，中央领导干直立。在中央领导干基部着生 3 个永久性主枝，主枝方位角 120°，主枝基角 70°、腰角 80°、梢角 60°。三主枝层内距 25～30cm，主枝上分生 2～4 个低于主枝枝龄的结果枝轴，主枝或枝轴上以小枝组或短果枝群为主。基部主枝粗度不得超过中央领导干粗度的 1/2，枝轴粗度不得超过中央领导干的 1/3。在距基部三主枝以上 50cm 处，开始培养第一个小主枝，往上每 30cm 培养 1 个小主枝，螺旋上升，错落排列，呈纺锤形。分层或不分层均匀着生 7～10 个小主枝，下部的小主枝长 1～2m，越往上越短，水平且单轴延伸，小主枝上无侧枝，直接着生各类（主要是中、小型）枝组和短果枝群。同方向小主枝间距 50～60cm。中央领导干上，小主枝间也可培养小枝组（图 2-3）。

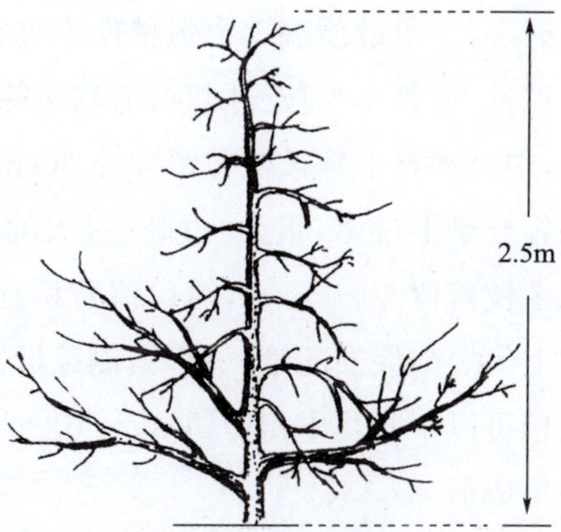

图 2-3　改良纺锤形

改良纺锤形是小冠疏层形与细长纺锤形的复合体，群众叫“大盘子托起个纺锤形”。适于(3～2.5)m×4m的中度密植，每667m^2种55～66株。其优点是低干、矮冠，中央领导干强壮，大枝少，级次低，成形快，骨架牢，光照好，树势稳，易更新，早实丰产，管理方便，不易出现上强下弱和结果部位外移的现象，单产高，果实着色好、质佳，经济效益显著。

b. 整形方法：第一年，定干高度，普通型70～90cm，短枝型60～70cm。对近地面的枝条，生长季保留，冬季疏除，以辅养树体，促根发育，但要控制其长度。发芽前选3个方位好的芽刻伤，以促发壮枝，8月选择3个方位角合适、生长健壮的新梢作主枝，揉开基角。除中央领导梢外，其余新梢全部拿枝软化，呈70°～80°角。如果栽的苗弱、肥水差，当年抽生2～3个梢，除留1梢作中央领导梢外，其余梢基角也揉成70°角。冬剪时，将选好的基部三主枝剪留40～50cm，上面主枝旺的剪得短些，下面弱的留得长些，以利势力平衡。剪口芽留背后芽，第三芽均留同侧的侧生芽。如果第一年选不出3个主枝，可于次年选出。中央领导干延长枝剪留60cm。

第二年，5月上中旬，对主枝、拉平枝背上发生的直立旺梢，用扭梢、留莲座状叶、疏除、拿枝等法，使其变为小枝组。在中央领导干上，基部主枝往上50cm处，要培养第一小主枝，所以，萌芽前，每30cm刻个芽，各小主枝新梢单轴延伸，不摘心，除留最顶端1个强梢作中央领导枝外，其余梢全部拉平(80°～90°)并破顶控长，培养小主枝。同时，适当疏除内膛徒长枝、过密枝，以利通风透光。冬剪时，中央领导干延长枝剪留50～60cm，并结合定位刻芽，促发长枝。适当疏除中央领导干上过密、重叠、过旺、过大的树枝，以及对生枝和辅养枝上的直立旺枝。三主枝剪留40～50cm，剪口留背后芽，第三芽留第一侧相反方向，疏除竞争枝。对上年短截促发的第三枝，留侧芽极重截。若树势特强时，对中央领导梢和主枝新梢可以于6月中旬剪留35～40cm，冬季剪留40～50cm，一年当两年，有利于提早成形。

第三年，春季发芽前，将主枝腰角调整到70°左右。5月上中旬，对小主枝、辅养枝背上的直立新梢，进行扭梢、留莲座状叶、疏除和拿枝，各方法占1/3。当每667m^2红富士幼树总干周长达2 000cm、枝量3万条、枝叶覆盖率40%以上时，应对主干进行环割，5月下旬和6月上旬对各主干环割一圈，2次刀口距3～5cm，以促进适量成花。如中央领导干较强，8月可将原头拉平，冬季疏除，以第二枝当头。在中央领导干上继续培养3～4个小主枝。小主枝单轴延伸，缓势促花。适当疏除中央领导干上的过密枝、重叠枝等。三主枝上继续培养各类枝组，对拉平枝背上直立枝，有空间处拉平，无空间者疏除。

第四年，发芽前，适当疏、缩体积过大，严重影响骨干枝生长的裙枝（大枝组）、辅养枝，对串花枝，可适度长放。5月上中旬，对拉平的小主枝背上的直立旺梢，采取扭梢、疏枝、拿枝等方法严加控制，以保持其单轴直线延伸。如果树势强旺，可对主干再行环割手术。冬季，疏除过大、过粗、过密的辅养枝；对中庸枝先破顶，待成花后回缩，或戴帽剪，培养小枝组，中央领导干延长枝剪留60cm。

第五至第七年，当树高2.5m以上时，可对中央领导干延长枝缓放或破顶，促发短枝，成花结果，控制树势和树高。此时树形基本形成，主要任务是加强夏剪，控制枝量，更新弱枝，保持树势中庸、平衡、健壮，树体稳定。

④ 细长纺锤形　该树形适用于M_{26}，M_9中间砧和自根砧上红富士普通型、短枝型品种，采用(3～4)m×(1.5～2)m的株行距。对于生长势太旺的砧-穗组合，树体不好控制。

a. 树体结构：定干高度80～90cm，干高50cm左右，树高2.5～3m，冠径1.5～2m。中央领导干直立向上，四面八方均匀分布15～20个小主枝或对称侧枝分枝。其长度比自由纺锤形短，基部长1～1.5m，越往上越短，呈水平和下垂状态，树冠呈上小下大的形态特征（图2-4）。

b. 整形方法：第一年，栽后苗木定干高度70～90cm。以后，随时抹除距地面50cm以内的萌芽和嫩梢。5～6月，对竞争梢进行扭梢或摘心。8～9月，除选出的中央领导干延长梢任其直立生长外，其余长1m左右的侧梢，全部拉成70°～90°角，分布于四面八方。不足1m长的新梢任其自然生长，够长时再于秋、春季拉平。冬季中央领导干过强者，可用竞争枝换头；过弱者，可于饱满芽处短截，以助复壮。若中央领导头发生歪斜时，随时用支柱、绳子将其绑缚扶直。

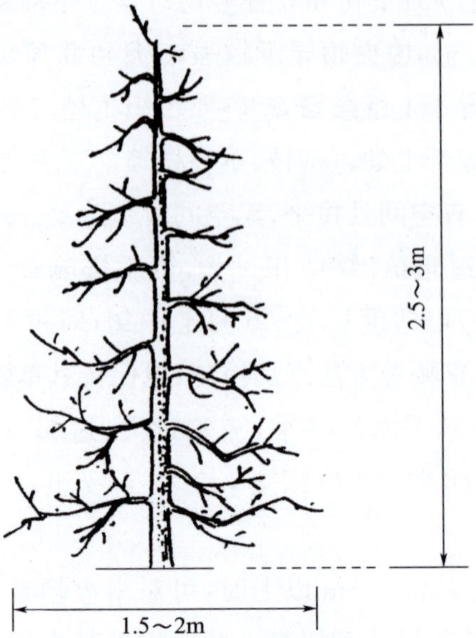

图 2-4　细长纺锤形

第二年,继续清除距地面 50cm 以内主干上的萌芽。疏除去年拉平枝枝背上近中央领导干 20cm 以内的芽梢、强梢(30cm 以上),注意控制住中央领导干上的竞争梢。对拉平枝背上的其余强梢(30cm 以上),要采用扭梢、摘心、疏枝、拉平等法,加以综合治理,既不使背上枝影响母枝的单轴延伸,又能迅速转化为枝组,成花结果。不应采用完全疏光的做法,其原因有三个方面:一是削弱树势,二是背部易患日灼,三是"压而不服",再冒旺枝。另外,注意保持中央领导干的绝对优势,光秃处刻芽促枝,密生、重叠枝及时疏除,秋季拉平其上所有长枝(70～80cm),使中央领导干直立向上,坚强有力。如果延长枝长度在 50～60cm,树高已超过 2m,则不必连年短截,这样可以缓和顶端优势。

第三至第五年,其剪法基本上同前两年。中央领导干延长枝一般不短截,其下面的侧生旺枝要疏除,以控制上面的枝杆较强壮。中上部的其余侧生分枝要坚持拉平。注意控制背上强枝,培养中、小枝组系统。在枝量大、枝条密的情况下,要酌情疏间。5 年生树已基本成形。为保持上小下大的纺锤形轮廓,当侧生分枝枝轴粗度超过 3cm、枝轴长度超过 1.5m 时,就应着手控制,密者疏除,弱者回缩到后部良好分枝处。在整形中还要注意以下几点。

第一，各侧生分枝与着生处中央领导干的粗度比应为 1∶2。如果侧生分枝粗度超过 0.5m，则要疏、缩，对留下来的侧生分枝，要设法控制其枝体增大，促其成花结果。

第二，处理好中央领导干的竞争枝。竞争枝通常要疏除或扭梢，防止上层侧生分枝大型化，否则树形难以维持。另外，防止结果部位上移，对距地面 1～2m 内的侧生分枝，依枝龄和生长情况，适时更新。

第三，果园每 667m^2 产量为 3t 左右时，全树主枝 17～21 个，顶芽数 540 个，株结果 135 个；果园每 667m^2 产量为 2.6t 左右时，全树主枝 13～17 个，顶芽数 420 个，株结果 105 个。可见，细长纺锤形并不是死板不变的，应根据具体情况，灵活变更。

(3)整形修剪特点

① 按树形要求定干　不同树形，要求树干高低不等。定干高度为主干高度加整形带。整形带内要有 8～10 个饱满芽，芽子位置低、不饱满的，可用刻芽法促其抽枝，以利形成基部主枝或侧生分枝。

② 注意骨干枝方位、角度、长度和层间距　在整形中，应根据各种树形结构要求，留好各级骨干枝。

③ 注意剪口芽和第三、四芽的方向　为保持主、侧枝或中央领导干与主枝间的主从关系，要避免用竞争枝和平侧枝做骨干枝。如果背斜侧芽位低，发不出强枝，可用刻芽抽枝。另外，剪口芽多用外芽、背下芽，以利开张角度。

④ 加强生长季修剪　幼旺树不宜冬剪，应用晚春剪、夏剪和秋剪。通过各季细致管理，使树上骨干枝牢固健壮，辅养枝提早结果，枝组分布合理，全树各部不存在无用枝(徒长枝、密生枝、竞争枝等)、寄生枝。

⑤ 轻剪长放　对辅养枝、各类枝组，采取多留、多放、少截或不截，一律拉平，以缓势成花，早产，丰产。

(4)整形修剪上存在的问题与解决对策

红富士苹果种植区，尤其是新果区果农生产积极性仍然很高，但由于果农经验不足，技术培训跟不上，整形修剪方面存在如下问题。

① 纺锤形树冠中央领导干偏弱　这是一个带有普遍性的问题。具体表现是中央领导干太细，树冠太低、主枝过大、冠间交叉、更新困难，树冠体积过大，通风透光不良等。此外，矮化中间砧苹果树也有类似现象，甚至更为突出。矮化中间砧苹果幼树树体结构特点是：根系不发达，基砧加粗慢，中间砧段加粗快，侧生枝增粗快，中央领导干极性弱，成花结果多，树易倒伏等。造成中央领导干挺不起来的原因是：在培养主枝时，起用了与中央领导干延长枝势力相近的同龄枝；在培养枝组时，起用了与主枝势力相近的同龄枝，使各级枝间缺乏合理的粗度比。其解决对策如下。

a. 矮化中间砧苹果树幼树在栽后第二年春，对侧生强枝重截，使其重新发枝，枝龄要比中央领导干晚1年，粗度差更大些。对中央领导干延长枝长留，疏去其竞争枝，以维持其优势。必要时，可用埋土扶干法，恢复中央领导干势力。

b. 选细弱、平展枝培养主枝，对主枝轻剪或长放。主枝上不留长于30cm的分枝，令其单轴延伸，控制加粗生长。生长季对主枝造伤减势(剥、捋、疏其强分枝)，弱化主枝，从而保持中央领导干的绝对优势。

c. 中央领导干歪斜者，要立竿缚直；中央领导干光秃者，宜于萌芽前刻芽促枝，以利其加粗生长。7～8月，对中央领导干上的长新梢捋枝、绑缚呈水平，以抑制其加粗生长。

d. 从总体上，加强肥、水投入，促进树势转强，使中央领导干直立向上，坚强有力。

e. 主干疏层形基部三主枝邻接着生，对克服“上强下弱”现象有明显作用。

② 幼树偏冠　一边枝多，一边枝少，树冠不丰满。造成这种现象的原因有：一边树的芽受寒风侵袭而不发，或芽体受损，或枝条被劈折，或因强风吹袭造成风剪树。对于偏冠树要趁幼树期矫正，否则生产损失较大。解决对策如下。

a. 在缺枝处目(刻)伤，如多年生部位，也可嫁接枝条。

b. 用1%“920”羊毛脂膏涂抹光秃带，发芽率可达90%以上。3～5月，光秃带喷、涂50mg/kg“920”，连续2次，相隔7天，发芽率可达95%左右。

c. 将有枝一方的枝尽可能拉向缺枝的一方。被风吹歪的树，用支柱、绳子把树拉直，令其枝分布四面八方。对于偏冠一方的枝条，先轻剪缓放，然后将中央领导干拉弯，让光秃带在上边。待光秃带芽眼萌发，抽梢长达 16cm 时，再将中干扶直。此项工作应在 4～6 月完成。

③ 开角拉枝不规范　有的将枝拉成弓形，有的圈枝，有的交手打扣枝等。这些枝发枝不理想，或呈丛生状，或抽生中、短枝少，应将该拉的枝拉成 70°～90°角，拉枝的适宜时间是 8 月下旬至 9 月上旬。春季萌芽以后，对于骨干枝开张角度要逐步增大角度，不应一步到位。红富士苹果树定植当年，夏、秋季对长梢拿枝软化，次年春将骨干枝拉到 70°角，同时进行多道环割，第三年春，将骨干枝拉到 80°～90°角。采用此法，4 年生树，冠径比 1 次开角的大 14.6%；5 年生树单株产量，逐步开角的为 10.4kg，1 次开角的为 8.7kg；6 年生树单株产量，两种开角分别为 19.5kg 和 10.9kg。

④ 枝组培养　枝组是果树结果基本单位，培养枝组的工作易为人们所忽视。主要表现：一是只知道利用辅养枝结果，而不知道将来要过渡到骨干枝上枝组结果；二是只利用长放枝组结果，而不利用“先放后缩”和“先截后放”枝组结果；三是不了解枝组如何培养。因此，幼树树势迅速衰弱，结果质量下降，产量增长缓慢。应采用如下对策。

a. 以“先放后缩”法为主培养枝组。这是初果期修剪的重要任务，对丰产起决定性作用。要求对 1 年生中庸、强旺枝先缓放 2～3 年，方能成花，待开花、结果后，枝条、枝组转弱时再回缩。对连年缓放枝要配合拉枝、摘心、扭梢、环刻等促花措施，以促发中、短枝和成花。这类枝容易形成单轴细长、松散下垂型枝组，所谓“珠帘式”枝组，是初果期树的理想枝组，其结果性能好，果实萼注朝下，果形端正，着色均匀。

b. 以“先截后放”法为辅培养枝组。随着树势的缓和，这类枝组越来越重要。要求对 1 年生枝先中、重短截，促生强枝后，再缓放几年，结合截、缩，容易形成大、中枝组，并占据较大的空间，其结果能力较强，寿命较长。

c. 合理配置各类枝组。红富士苹果着色要求光照强和直射光，因此，枝组要多而不密，分布合理。在稀植条件下，大枝组可占 15%～20%，中、小枝组占 80%～85%，而在密植条件下，大枝组占 10%以下，中、小枝组占 90%以上。注意控制背上直立大枝组，多留斜生、两侧枝组，同方向中枝组间距 30～40cm，大枝组 50～60cm。

d. 培养枝组因枝而异。红富士始果后，要根据枝条状况，采用不同方法培养枝组。

长枝：骨干枝背上长枝，一般中截，次年回缩；也可先长放、拉平，次年缩到下面弱分枝处。骨干枝两侧和背后的长枝，若培养中枝组可先轻截，次年缩到下面弱分枝处。如需要培养大枝组可连续短截 2～3 年。

中枝：旺树中枝，第一年不剪，次年戴帽剪；中庸树中枝，第一年截，次年长放；若培养大枝组，可连年中截。

短枝：一般不动剪，待其抽出中、长枝时，再视其培养用途，采用前述方法修剪。

⑤ 高接树整形修剪　红富士高接在不同品种砧木上，大多表现生长旺盛，生产上往往出现如下问题。除萌不及时，影响成活率；由于愈合不牢，易被风吹劈或其他机械伤害；忽略夏剪，树冠郁密、直立多主枝、多中央领导头，呈现乱头形（图 2-5）；由于缺乏夏剪，开花结果少，果个小、着色差。

图 2-5　高接树放任生长状

解决对策如下。

a. 按已确定的树形骨架，在各枝头上嫁接粗壮、新鲜的接穗。对于辅养枝、枝组，应嫁接细长枝（长接穗），以提早成花。

b. 成活枝嫩梢长到20cm时，开始绑支棍，防风折。

c. 及时抹芽除萌，有利接穗成活。

d. 加强生长季修剪，留骨干枝上的接穗第一芽枝扩大树冠，绑支棍引缚开张其角度。待第一芽枝长度达到50cm时，进行重摘心，以利其副梢继续延伸，增加级次，扩大树冠。第二、三芽梢提早结果，当长度达到30cm时，进行扭梢，次年可能开花结果。在1个砧头上嫁接2个以上接穗时，除留下一枝单轴延伸外，其余长梢可采用摘心、扭梢、疏枝、拉平等法，分别加以处理，令其缓势出短枝，早成花，早结果。高接后次年夏剪方法基本同第一年。

e. 冬季，对高接树修剪量要轻。嫁接第一年冬，只疏过密的二次枝，并充分利用长果枝结果；对各骨干枝延长头尽可能轻截或不截。第二年冬，仍以轻剪长放为主，除中央领导干延长枝留50～60cm短截外，其余中、长枝一律轻剪长放。

7. 促花结果技术

(1)成花特点

红富士初果期树以短果枝和长枝腋花芽结果为主。河北省中南部地区生长的5年生红富士树，短果枝占54.8%～68.1%，长果枝占18.2 %～27.0%，中果枝占7.8%～9.7%，腋花芽占5.9%～8.5%。腋花芽主要着生在强枝上，着生于31cm以上枝条上的腋花芽占74.6%，着生于31cm以下枝条上的腋花芽占25.4%。腋花芽着生在枝的上段最多，占85.7%；中段最少，占4.8%；下段居中，占9.5%。红富士苹果枝条成花与其缓放年数有关：缓放1年后，着生在1～2年生枝段上的花芽数分别占总花芽量的10.9%和89.1%；缓放两年后，1～3年生枝段上，花量分别占7.9%、58.1%和34.0%；缓放3年后，1～4年生枝段上花量分别占3.2%、41.5%、40.0%和15.3%。上述表明，在2～3年枝段上，缓放出的花量最大。

(2)促花技术

当幼树干周在20cm以上，枝量达100～200个，生长健壮时，根据栽植密度大小,开始采用促花技术,以迫使幼树形成一定量的花芽,强迫植株提早、适量结果。其好处是,既能取得一定的经济收入,又能有效地抑制生长,控制树体的扩大,从而取得栽培的成功。

促花技术的实行,有一个前提条件,即果树必须生长强健、枝条粗壮,每年新梢都有一定的生长量。在此基础上,通过综合措施,调节植株生长与结果的关系,使其生长节奏转向有利于成花方面。例如,促进大量春梢停长并形成顶芽,增加中、短枝的形成,调节营养运输与积累,使营养分配中心适时转向成花部位(中、短枝及长梢的腋花芽上),均有利于多成花。目前,行之有效的促花措施有以下几项。

① 土肥水管理　这是成花的基础,肥水管理合理与否,对成花影响较大。随施氮量的增加,单株成花量减少,新梢加长。氮肥与成花显著成反比,钾肥量同幼树成花显著成正比,而磷肥对成花影响不大。红富士苹果幼树以每667m^2施纯氮(N)7kg、磷(P_2O_5)3kg、钾(K_2O)8kg,氮、磷、钾比为1∶0.43∶1.14效果最好。但各地条件不同,施肥量和比例也不会一样,应因地制宜确定。在大量而合理增施有机肥的基础上,注意以下两点。

a. 从短枝停长开始,适当调控肥水供应,造成适度干旱,使全树大部分新梢于6月下旬前停长或缓慢生长,在此基础上酌量增施磷钾肥,配合少量氮肥,有利于花芽生理分化。

b. 花芽生理分化前(5月),土壤适度干旱有利于花芽分化,因此要控水。雨多时,要及时排涝。必要时,还可进行部分断根,以减少根系对水分的吸收。但土壤过度干旱,叶片表现萎蔫时,仍应适量补水,才能有利成花。

② 整形修剪要点

a. 扭梢。5月下旬至6月下旬,当新梢长到20～30cm时,在其基部5cm处(半木质化)进行扭梢,以中庸偏旺梢成花效果好。长势极强和偏弱梢成花效果不理想。

b. 摘心。5月上旬至9月,随摘心次数的增多,成花率相应提高。以北京地区3年生长富2号为例,摘心1次的,其成花枝率为20.0%,摘心2次的为37.1%,摘心3次的为40.7%,摘心4次的为57.1%。据各地试验,一般以摘心2次为宜。

c. 环剥、环割、环状倒贴皮等。采用这些方法成花效果十分明显。一般在春梢缓慢生长期(5月下旬至6月下旬),对旺树主干、旺枝进行环剥或环割,均有抑制生长、大量成花效果。在河北省中南部地区,红富士幼旺树以主干环剥2～3次为宜。据江苏省盐城市试验,主干环状倒贴皮处理,短枝率、叶丛枝量和花量较高,主干环剥不倒贴皮次之,而辅养枝环剥又次之。另外,冬剪保留的竞争枝于萌芽期拉平,5月下旬,进行环剥(1cm宽)倒贴皮处理,后用塑料条扎好,共处理20个竞争枝,萌芽率达81.4%,萌枝781条。次年结果,平均每枝结果2.6kg,而疏除竞争枝的对照幼树(3年生),只零星开花,未结果,处理比对照提早结果2～3年。近年枝干环割应用渐多,因为它不易造成死树。一般在环剥期间,不用环剥去皮,只是割一圈,深达木质部,如果树还旺,过7～10天,在刀口上方3～5cm处,再割一圈,促花效果也很好。如陕西省白水县园艺站报道,3年生红富士主干环割,平均花枝率为41.1%,对照为13.4%。4年生红富士苹果产量,处理树单株产量58.2kg,对照树单株产量仅21.2kg,增产1.75倍。

d. 大扒皮。在5月下旬至6月上旬,树干形成层活动最旺盛时期,土壤湿度合适,选晴朗、无风或微风天的上午10时至下午3时进行大扒皮。具体做法是:距地面5cm左右处,用利刀环切树干一圈树皮,深达木质部,用刀撬起树皮,在环切圈上部20～30cm处,骨干枝分叉下方,再环切一周,也深达木质部。这时用手抓住撬起的树皮,由下而上逐条扒去两道环切口间的树皮,露出形成层,虽然不需要任何保护,但要保持清洁,勿用手摸或造成机械损伤。采用大扒皮技术的先决条件是果树生长旺盛,无皮部病害(腐烂病等),结果很少,主干直径大于3cm,枝量多于300条。大扒皮果树的花芽率和单株产量均极显著提高。而且,大扒皮树果个大、果形正、着色好,可溶性固形物含量高。虽然大扒皮促花效果好,但用起来要慎重,避免出现树弱、死树问题。

e. 秋剪。生长期长、比较温暖的地区,对红富士的旺长新梢进行秋剪,即在春、秋梢交界处上部带活帽剪,有利于副梢成花。

f. 综合整形技术。为了更有效地促进成花,生产上常把几种整形技术配合起来用。对6～8年生M_{26}矮化中间砧长富2中庸或稍强树,每年从5月中旬开始,进行嫩梢摘心,20天后再对主干环剥,待摘心后副梢有3~5片小叶时,进行第二次摘心,如此摘心2~4次。结果表明,处理枝的结果枝率连年增加,在主干环剥2~3次条件下,扭梢枝成花枝率为25.2 %~39.1%,第二年的枝条成花率达69.2%~73.1%。在河北省抚宁区条件下,对40cm以上的1年生枝进行刻芽,5月20日和6月20日两次环剥,形成短枝率最高为93.7%,成花率43.0%,而5月20日、6月20日、7月20日、8月20环剥1次的,成花率分别为21.0%、37.2%、23.4 %和9.8%。可见,以6月20日环剥效果最佳。另外,5月初刻芽、环剥的长枝,其短枝率为50.3%,成花率为28.9%,而秋季(8月中旬)拉枝者,分别为77.0%和38.3%。3月15日刻芽加6月20日环剥的,比不刻芽加6月20日环剥处理的分枝多、成花效果好,水平枝成花最多;直立枝只环剥、不刻芽的,一般不成花。所以说,因枝制宜,采用刻芽、环剥、拉枝、摘心等措施,是完全必要的。

③ 应用植物生长抑制剂　在红富士幼旺树上应用最普遍的植物生长抑制剂是多效唑,其次是乙烯利。这些药剂控冠、抑梢、促花效果明显。

a. 多效唑。生产上应用多效唑,主要用于叶面喷布和土壤施用。剂型有25%悬浮剂和15%可湿性粉剂两种,其作用是抑制赤霉素的生成,延缓生长,促进成花。树上喷布浓度为1~2mg/L,可与一般常用农药(包括展着剂)混用。土施有效成分用量为每平方米树冠投影面积施1g,其效果及作用时间超过叶面喷布。5年生长富2号,单株土施15%多效唑20g和叶面喷布3次500mg/L的多效唑,新梢生长量为对照的70%和69%,节间长为对照的78 %和76%,短枝率为对照的180.7%和253.9%;7年生长富2号,土施多效唑处理,短枝率高达80%以上,当年有70%的短枝成花。红富士幼树在盛花后3周喷0.5~1mg/L多效唑,成花量比对照增加2倍。盛花后3周,每株土施纯量多效唑1~2g,新梢减短30%~60%,花芽量提高5~10倍。多效唑土施时间越迟,效果越不明显。

b. 乙烯利。具有抑长促花等作用。喷乙烯利可增加红富士苹果树的枝量和中、短枝比率及花量。据辽宁省果树科学研究所报道,3年生长富2号旺树,6月中旬喷0.4~0.5mg/L乙烯利与1.5~2mg/L比久混合液,秋梢明显减少,当年成花量增加2.1倍,短枝量提高16.4%。据河北省农林科学院石家庄果树研究所试验，叶面喷布乙烯利，可以增加枝量、花量，但不能满足生产需要。

c. 各种促花措施配合使用。众多试验表明，植物生长抑制剂与整形技术的有机配合，效果稳定可靠。例如，在每株土施 15g 多效唑条件下，红富士主干不环剥幼树，单株成花 2 个，成花枝率 0.7%；主干环剥株花量 381.8 个，成花枝率为 29.1%。未结果红富士幼旺树，以盛花后 3 周喷 1 次 2 000mg/L 的乙烯利加上盛花后 7 周主干环剥，再加上盛花后 12 周喷施 600mg/L 多效唑处理，单株枝量和花量较大，次年坐果最多。

8. 提高坐果率

一般红富士苹果幼树成花少，坐果率偏低(人工促花坐果率更低些)，隔年结果现象十分普遍。因此，做好提高坐果率的各项工作，确保早期产量，是相当重要的。

(1)增加树体营养贮备

① 秋季管理　加强果园综合管理，改土施肥，根外追肥，保好叶子，增加树体营养贮备。

② 早春管理　早春追肥，顶凌刨园，保证前期营养供应。花前追肥、灌水或花前、花后喷 0.5%尿素。花前喷 0.2 %～0.3 硼砂(或硼酸)加 0.3%蔗糖。山东省临沂地区果树站报道，5 月 14 日喷光合微肥 500 倍液，间隔 15 天，连喷 3 次，花朵坐果率比对照提高 87.7%；河南省禹州市试验表明，红富士花期喷硼砂对提高坐果率有明显效果(表 2-4)。陕西省扶风县园艺站报道，花蕾期、幼果期和果实膨大期，各喷 1 次 6 000 倍、7 000 倍和 9 000 倍植保素液，5 年生红富士花序坐果率提高 16%，花朵坐果率提高 29%。盛花初期，将 100kg 水加 0.3kg 硼砂加 0.3kg 尿素加 0.4kg 砂糖配成混合液，喷布红富士，可显著提高坐果率。

表 2-4　花期喷硼砂对坐果率的影响

处理/‰	花朵数	坐果数	花朵坐果率/%
2	542	185	34.1
4	725	347	47.9
6	316	84	26.6
对照(清水)	435	113	24.9

③ 适度冬剪　旺树，只疏除密生直立枝，长放串花枝。一般剪量为 1/4～1/3，

壮树环剥枝花芽多的,要剪去1/10～1/5的花芽。

④ 花前复剪　此期修剪对提高红富士苹果坐果,非常有效。对树壮、花芽适量树,要轻剪花芽,甩放后花芽成串的枝条,应留3～4个花芽回缩;有腋花芽的枝,留2～4个花芽短截。花芽过多的树,结合疏除密生枝、直立枝,适度疏除部分花芽;骨干枝头50cm范围内,不留或少留花芽,延长枝上不留腋花芽,对长果枝要轻打头,过密枝和衰弱枝花芽宜疏除。

⑤ 花期环剥　盛花期,对主干、辅养枝或大枝组进行较窄的环剥或只进行环割1刀,可显著提高坐果率。在树旺、果台副梢又强时,花后10天左右,对过强果台副梢留4～6片叶摘心,使营养集中供给幼果,以防因营养不足,造成落果。

(2)改善授粉受精的外部条件

① 推迟花期　主要是错过晚霜。主要采取以下几项措施。

a. 枝、干涂白。早春往树上喷10%左右的石灰液,反射阳光,降低树温,可推迟花期2～3天。

b. 灌溉。霜前,往树体上喷水2～3次,或实施喷灌,可推迟花期2～4天。萌芽前,花前地面灌水2～3次,可降低地温,抑制根系活动,可使萌芽、花期推迟2～4天。

c. 土壤化冻前,在树盘内覆草15～20cm厚,可减慢地温回升速度,使花期推迟3～5天。

d. 植物生长调节剂处理。于头一年9月上旬,往树上喷1mg/L赤霉素;10月中旬喷0.1～0.2mg/L乙烯利,0.1mg/L萘乙酸,1mg/L矮壮素;头年春,每平方米树冠投影面积施0.5～1g多效唑,均可推迟花期4～5天。

② 建立有相当高度的防风林　进行密植栽培,建立自身防风体系。

③ 避免在低洼处建园　以防冷空气集结,防止晚霜危害。

④ 配置授粉树　配置适量授粉树和嫁接部分授粉枝,以保证正常授粉。

(3)人工授粉

① 插花授粉　小面积果园缺乏授粉树时,可在花期采些授粉品种花枝,插于盛满水的瓶罐中,每株树视树冠大小挂上几个瓶罐,可增强授粉能力。

② 震打花枝　开花期,剪下一束授粉品种的花枝,于主栽品种树上轻轻震

打,每日上午10时左右震打1次,连续2～3天即可。

③ 点授花粉　首先采下有亲和力的花粉。方法是在授粉前2～3天,采下含苞欲放的"铃铛花",摊在干燥通风的室内,保持20～25℃的温度、50%～70%的相对湿度,经1～2昼夜,收集散出的花粉,即可用来授粉。根据花粉发芽率高低,为节省花粉,可用淀粉、细滑石粉作填充物,按1∶1～4的体积比例加填充物。如发芽率小于30%时,可不加填充物;天气好时,多加填充物,天气坏时,可少加或不加填充物。将稀释后的花粉,装入小瓶中备用。配置花粉要随用随混,不宜久放。在开花期间(2～4天),用毛笔或软橡皮蘸花粉点授于盛开花的柱头上,每蘸1次,可点授5～7朵花,每花序可点中心花或1～2朵边花。花多的树,可在先疏蕾的前提下,或按距离、隔序点授;花少的树,要多点授,树冠内膛的要细致点授。点授时间以上午为宜,一般点授第一批花效果最佳。有花腐病的果园,应于蕾期点授。苹果树点授坐果率可比不点授提高38%～59%。据有关试验报道,红富士苹果树人工点授的花序坐果率和花朵坐果率分别为56.7%和28.2%;环剥加人工点授的相应为63.4%和34.1%;环剥的相应为25.6%和14.1%,而对照分别为21.7%和10.6%。

④ 液体授粉　将采集的花粉配成糖尿花粉液,喷在树上,可提高授粉工效5～10倍,适于大面积果园应用。花粉液的配方为:水10kg、砂糖0.5kg、尿素0.03kg、花粉20g左右、硼酸0.01kg。配制时先将糖溶于水中,制成5%的糖溶液,同时加入0.03kg尿素,制成糖尿液,然后再取0.05kg砂糖,加到0.5kg水中,配成10%的糖液,加进干花粉20g左右,搅匀、过滤到配好的糖尿液中,即成糖尿花粉液。为提高花粉发芽率,喷前加入硼酸0.01kg,配后即用喷雾器喷布,每株树喷0.15～0.25kg。一般要求在全树花朵有60%左右开放时喷布,喷时要均匀周到。据报道,授粉园片比未授粉园片增产209.2%,效果十分显著。

⑤ 机械授粉　将采集的花粉用100倍左右的填充物稀释,用喷粉器喷到花上,经济有效。把花粉放到2～3层纱布袋中,用绳拴在长竿上,在树冠有花部上面,轻敲长竿震出花粉,也可提高授粉效率。

(4)蜜蜂授粉

花期放蜂,对提高坐果率有良好的作用。每6 667m^2红富士园放1～2箱蜂,蜂箱离果园距离不能超过500m。1987年,我国从日本引进的角额壁蜂和凹唇壁蜂等,其授粉能力是普通蜜蜂的70～80倍,只要每667m^2果园释放80头蜂就可完成授粉任务,使苹果树坐果率提高30%～50%,果品质量相应提高,放蜂回收率为5～10倍。

(5)疏蕾、疏花、疏果

疏除部分花、果,可以节省大量养分,使有限的营养物质集中供应给保留的花、果,使其发育正常,不易脱落。

① 疏蕾、疏花　蕾期、花期,细致疏除弱花蕾、弱花(花器瘦小、花器不全、莲座叶少而小的)、受冻花、密生花,以集中营养,增加坐果。

② 以花定果　对花期天气条件好、坐果有把握的果园,根据树体的适宜负载能力,确定留果数量。从花蕾期开始,至盛花期前,一次疏留好花,红富士按20～25cm留1个花序,每序只留中心花,可使花序坐果率达到95%～100%。在花期气候不良时,每序可留中心花和1个边花,比较保险。

③ 疏果　在幼果期,7月底以前,细致检查,将病虫果、畸形果、小果、密生果间疏掉(包括1个果台上双果、3果的,仅留中心果),有提高坐果率的作用。

(6)喷布植物生长调节剂等

① 盛花后12周喷布0.6‰多效唑,坐果率为31.0%,对照(未喷)为9.9%。

② 据陕西省淳化园林场报道的试验结果,花期喷80倍液的食醋液或800倍液的醋精液,也有提高坐果率的效果。

三、红富士苹果高产稳产技术

对于红富士苹果来说，高产可以达到，但稳产优质就比较困难。因在高产年里，孕育着低产的因素，抑制花芽的形成，也限制了果品质量的提高。因此，要解决好高产与稳产、优质这一对矛盾并不是件容易的事。

（一）成龄树高产稳产的树相指标

1. 栽植密度适当

根据当地生态条件、砧-穗组合、树形选择等，确定合理的栽植密度，即进入盛果期时，株间刚刚交接或交接率小于树冠的10％，行间留有1～1.5m的空隙，全园枝叶覆盖度在80％以下，行间射影角一般以49°以下为宜①。在上述条件下，可以合理利用空间、阳光和地力。树冠高低、大小合适，内膛不存在或很少存在遮光叶、“寄生叶”，果实分布均匀，着色良好，树冠内外一致、上下一致。

2. 整齐度

一片果园的树冠大小、产量、生长势等整齐一致，不缺株，即园貌好，整齐度高。这种果园能充分利用地力和光能，最大限度地发挥单株与群体的生产潜力，因此果园可以获得优质高产。相反，一片整齐度低的果园，年龄不等，树体高低悬殊，树冠参差不齐，有的缺株断行，有的缺枝少杈，即使个别植株能够达到高产，但因低产、小老树占比例较大，总体产量、质量仍然很低。对这类果园，应采取偏施肥水，修剪控制负载量等方法进行调整，使全园植株整齐度超过85％，以利稳产优质。

---

① 射影角即树冠基部与邻行树顶部连线，与水平面间的夹角，也叫确形角。为保证光照，一般要求该角度在49°以下，可以满足丰产、优质要求。

3. 树势与树龄结构

红富士苹果盛果期树常有生长与结果、营养积累与消耗、产量与质量等矛盾。为了稳产优质，要求树势中庸、健壮。新梢年生长量25～30cm，在枝类组成中，长枝占20%左右，中、短枝占80%左右，果台副梢在10cm以下。一类短枝（枝条粗壮，有4～5片以上的优质大叶，芽子饱满，多数可以形成花芽）占短枝总量的50%以上，6月末以前，有70%～80%的枝停止生长，平均单叶面积30～38cm^2，秋梢短而少，叶片为绿色稍淡，叶色级在5～5.5（按8级区分）。叶片含氮量在2.3%～2.5%。

但在生产上常有旺树、弱树出现。旺树特点是：全树枝多、旺长，长枝比例大于20%，新梢年生长量超过50cm的在50%左右，秋梢长度超过春梢，短枝比例在50%以下，一类短枝少于20%，长梢叶大而浓绿肥厚，短梢叶小而薄，芽子瘦小，花芽少，产量低，质量差。弱树的特点是：枝细而短，叶片小、黄、薄、脆，短枝细而硬，顶芽瘦小、鳞片少，花少质差，落果重，产量低。上述旺、弱两类，均属树势不稳定类型，应通过综合管理，将其逐年调整到稳产、中庸树状态。

良好的植株年龄结构是保证丰产优质的基础，一般要求乔砧红富士树龄在10～25年生之间，矮化中间砧红富士树龄在20年以内，矮化砧红富士树龄在15年以内，应及时更新衰老树，使大部分结果树处于健壮、结果效率高的状态。

4. 总枝（芽）量

总枝（芽）量，是全树1年生枝的数量，即长、中、短（叶丛枝）枝的总和。在一定范围内，单位面积枝量多少与产量的高低呈正比。在枝（芽）量太少时，难以获得丰产、稳产；但枝（芽）量太多时，树冠郁密，光照不良，花芽质量差，数量少，坐果率低，也不易丰产、稳产。一般来说，要取得高产、优质、稳产，每667m^{2}枝（芽）量达5～9万条就完全可以了。

5. 花芽留量

一株树花芽留量多少与产量高低密切相关。单株花芽留量过多，超过树体适宜负载能力，开花、坐果、幼果发育消耗大量贮藏营养和当年光合产物，严重影响春梢生长和成花，还会导致大量落花、落果，使产量得不到保证。如果花芽留量合适，既能确保当年开花、坐果，又有利于果大质佳和当年成花及次年坐果，从而实现稳产、优质。一般要求花芽分化率占总枝量的30%左右，冬剪后，花芽、叶芽比1∶(3～4)为宜，每667m^2花芽留量为1.2万～1.5万个；过多时可采取花前复剪和疏花、疏蕾措施调整。

6. 果实留量

单株果实留量直接关系到当年产量、品质和成花情况，也会影响树势和抗寒能力。在一定范围内，留果量越多，采收产量越高。但果实留量过多，往往导致树弱病多，果小质差和大小年现象严重，甚至因树体内贮藏营养严重不足，遭受冻害和出现抽条现象。因此，对红富士苹果高产、稳产、优质来说，要求每667m^2产量处于1 500～2 500kg之间时，留果量应为10 000～13 000个。当每667m^2产量控制在2 500kg时，留果量应为12 500个；每667m^2产量2 000kg时，留果量为10 000个；每667m^2产量1 500kg时，留果量为7 500个果左右。在一定果实负载量下，苹果树通过其自身的调节能力，将产量和质量维持在适宜水平，从而保持最佳的树体状态和生产能力。

7. 果实质量

红富士苹果生产的重要树相指标，是果实品质问题。苹果达到成熟时，应符合鲜苹果质量等级要求（表3-1）。此外，富士系苹果成熟时，果实硬度应达到7N/cm^2及以上水平，可溶性固形物含量占14%以上。

表3-1　鲜苹果质量等级要求（GB 10651—2008）

项目	等级		
	优等品	一等品	二等品
果形	具有本品种应有的特征	允许果形有轻微缺点	果形有缺点，但仍然保持本品基本特征，不得有畸形果
色泽（富士系）	红或条红90%以上	红或条红80%以上	红或条红55%以上
果梗	果梗完整（不包括商品化处理造成的果梗缺省）	果梗完整（不包括商品化处理造成的果梗缺省）	允许果梗轻微损伤

续表

项目	等级		
	优等品	一等品	二等品
果面缺陷	无缺陷	无缺陷	允许下列对果肉无重大伤害的果皮损伤不超过4项
① 刺伤(包括破皮划伤)	无	无	无
② 碰压伤	无	无	允许轻微碰压伤,总面积不超过 1.0cm²,其中最大处面积不得超过 0.3cm²,伤处不得变褐,对果肉无明显伤害
③ 磨伤(枝磨、叶磨)	无	无	允许不严重影响果实外观的磨伤,面积不超过 1.0cm²
④ 日灼	无	无	允许浅褐色或褐色,面积不超过 1.0cm²
⑤ 药害	无	无	允许果皮浅层伤害,总面积不超过 1.0cm²
⑥ 雹害	无	无	允许果皮愈合良好的轻微雹伤,总面积不超过 1.0cm²
⑦ 裂果	无	无	无
⑧ 裂纹	无	允许梗洼或萼洼内有微小裂纹	允许有不超出梗洼或萼洼的微小裂纹
⑨ 病虫果	无	无	无
⑩ 虫伤	无	允许不超过2处 0.1cm² 的虫伤	允许干枯虫伤,总面积不超过 1.0cm²
⑪其他瑕疵	无	允许不超过5个	允许不超过10个
果锈	各本品种果锈应符合下列限制规定		
① 褐色片锈	无	不超出梗洼的轻微锈斑	轻微超出梗洼或萼洼之外的锈斑

续表

项目		等级		
		优等品	一等品	二等品
② 网状浅层锈斑		允许轻微而分离的平滑网状不明显锈痕，总面积不超过果面的1/20	允许平滑网状薄层，总面积不超过果面的1/10	允许轻度粗糙的网状果锈，总面积不超过果面的1/5
果径（最大横切面直径）/mm	大型果	≥70		≥65
	中小型果	≥60		≥55

8. 枝类比

长、中、短枝比例（简称枝类比），是盛果期红富士树丰产、稳产、优质的重要指标之一。它反映树势、生长节奏、树冠状况和结果能力等。例如，长枝比例过大，说明树势旺，光合产物消耗多，积累少，成花难，坐果差，产量低而不稳。如果中、短枝比例合适，前期生长集中，及时停长，叶片工作时间长，同化产物积累多，有利于成花、结果。当然，除枝类比例之外，还有枝的质量问题。如果短枝、叶丛枝粗壮，有效叶片大而多，芽体饱满；果台副梢长度适中、叶大粗壮，均可大部分成花，次年结果。一般丰产稳产园枝类比是：长枝占全树总枝量的20%左右，其中带秋梢的长枝不超过总枝量的8%；中、短枝总数占总枝量的80%左右，且历年比例稳定。

9. 叶面积系数

一般不超过5，维持在3～5较好。

10. 枝、叶地面覆盖率

以65%～70%为宜，最多不应超过80%。覆盖率过高，树冠中、下部光照恶化，严重缺乏侧光和地下光，使中、下部内膛果着色不良，全红果比例下降。

11. 落叶率

10月以前，病虫害造成的全树、全园落叶率不超过10%，可保证果实正常成熟与着色。

12. 病虫果率

一般控制在5%以下。

(二)低产、大小年原因分析

在一些地区,每667m² 产量平均不足500kg、大小年现象严重、果实品质低劣的果园仍然存在。为什么会出现上述情况呢?主要原因如下。

1. 盲目追求扩大果园面积

一些新果区规划发展果园面积过快、过大,人均果园面积有的在1 334m² 以上,一个劳力管理5 336～6 667m² 果园,在当前机械化水平不高的条件下,难以做到精细管理。由于果园面积与农作物面积严重失调,随之出现果园肥料和秸秆等材料来源的困难,还会产生品种更新、园块倒茬的困难等。

2. 果园基本条件未得到彻底改善

许多果园,由于建园准备不足,如坡地未修水平梯田先栽树,滩地未淘沙换土就栽树,平地未施基肥就定植等。仓促栽树后,限于劳力、经济条件,果园基本建设很差,如土壤不能深翻熟化,严重缺乏有机质;土质坚硬,肥力低下;尚未建起排灌设施,水分得不到保证;山地果园未整修水平梯田,水土流失相当严重;有些果园只有围墙而无防护林,等等。红富士苹果树对环境和栽培条件的要求比其他品种高,如果果园基本条件很差,即使有了好品种,其产量、品质也不会好。

3. 果园品种混杂,园貌不良

前些年,由于苗木混乱,品种严重不纯,使建成的果园杂乱不堪,树冠大小不齐;有的果园红富士品种单一,缺乏足够比例的授粉树;有些果园连年冻害,抽条严重,树冠大小、高低参差不齐,整齐度很差。有些矮砧红富士园,对各种砧-穗组合未采取针对性强的整形修剪技术,使一些植株东倒西歪,竟成"小老树",失去增产潜力。

4. 栽植过密,树冠高大,不便管理

近年栽植的普通型红富士多数较密,行距3～4m,株距2～3m。虽然采用的

是小冠树形（自由纺锤形、细长纺锤形），但由于树势旺，强枝多，树冠高大，交接封行早，每 667m^2 枝量在 15 万条以上，许多田间操作难以进行。这类果园花芽形成量少，果实着色差，历年产量低。

5. 对果园投资力度不够

尚有不少果农管理意识较差。虽然知道“要想富，栽果树”的口号，但未深刻理解“要想富，管好树”的道理。往往是栽后任其生长，什么时候果树挂果了，什么时候才肯多投入和精细管理。这种果园一般是结果晚，产量低。在投资力度上，各地、各户差异很大，但总的趋势是高投入高产出，低投入低产出。一般专业户难以做到高投入。真正达到高投入水平的，可能不到 10%。

6. 科技含量少

红富士苹果优质、丰产、高效益，是靠多种高新技术的综合应用来保证的。一般管理技术是不能产出个大、色红、形正、质佳的红富士苹果的。高新技术的实行需要有充分的思想认识、一定的经济实力和劳力保障做基础。

（三）高产稳产对策与措施

1. 加强土壤综合治理

盛果期树根系逐渐布满全园，为保证正常生长与结果的需要，根系必须从土壤中吸收大量的营养和水分。因此，要为根系创造一个优越的环境，例如加深活土层厚度，改善土壤理化状况，提高土壤保水、保肥能力等。

（1）土壤深翻熟化

土壤深翻对诱导苹果根系向深、广方向发展有明显的影响，能促进总根量和吸收根大量增加。

① 深翻时间　土壤状况不良的果园，一年四季均可进行深翻，但以秋季采收后较好。这时进行深翻，一是不影响果实后期生长、成熟，二是断部分根后，仍能愈合、发根，有利于次年生长结果。

② 深翻方式、方法　深翻方式主要有扩穴深翻（即“放树窝子”）、隔行深翻和全园深翻。盛果期树多用后两种深翻方法。

密植园，株行间较窄，树冠交接早，挖沟施肥困难。因此，应先进行株间深翻，待株间挖通后，再从行间挨紧树行，逐年向外挖通并深翻。根据劳力和肥料情况，可进行逐行或隔行开沟深翻。根据生产经验，以集中人力、肥料，一次完成深翻为好。如果一次完成有困难，也可分段、分片完成“放树窝子”。这样，既能避免因分次深翻而出现漏翻的夹层现象，又能相对节省劳力。此外，深翻还应注意如下事项。

a. 深翻位置要每年轮换，以免伤根太多和将施的肥料捣来捣去，不利于根系恢复与扩大。挖翻土壤过程中，尽量少伤直径1cm以上的粗根，对各种粗根的伤口，要用剪子剪成齐茬，以利于愈合发根。

b. 挖深翻沟时，如果是在树冠下，要里浅外深，里窄外宽，最深不超过1m，最浅在30cm，无论“放树窝子”还是挖条沟深翻，一定要与上次深翻沟接茬，不留中间隔层，同时表土和底土要分放、分填。

c. 深翻后暴露的根不能久晒、受冻，要及时填土封沟，分层踏实。

d. 深翻一定要结合分层旋入大量有机肥，以熟化下层土壤。先将不易腐烂的树枝、硬秸秆，打开捆，分层而均匀填入深翻沟的底部，并撒上少量氮肥（如碳酸氢铵、尿素等）；然后在沟的中部填回表土，加入易腐烂的草肥、绿肥和复合肥；最后，将剩余底土填到沟的上层（20cm以内）。

e. 覆草果园深翻施肥时，要扒开覆盖物，翻后填平浇水，再把覆盖物摊平复原。如果全园覆草（覆草前土壤已翻过），过4～5年进行一次全园深翻，树盘内深20～30cm，行、株距均为40～50cm，以不伤、少伤直径1cm以上的粗根为宜。种绿肥果园，开沟深翻，分层压绿肥，填平土壤，滩地果园也可就地翻压绿肥，改土效果均好。

f. 填土后，要分层踏实，然后灌透水，使根与土壤密接。干旱地区，应趁墒情边开沟、边分层回填、边踏实，以利保持土壤湿度。

(2)保持水土

山地果园要因地制宜修筑水平梯田、复式梯田、反坡梯田，以大量接纳自然降水，保住水土。每次大（暴）雨过后，都要清理田面、排水沟、台田水沟。冬春季，结合刨园，修补土埂、田面，清理竹节沟和沉淤坑。培护好裸露的根系等。

(3)松土除草

目前,我国大部分红富士苹果园仍用清耕制。为了防止杂草丛生和土壤板结,应经常中耕松土,雨后或灌水后,抓紧松土除草。用除草剂的果园,注意不要让药液溅到树的枝叶上,以免出现药害。

(4)采用合理的土壤管理制度

根据我国国情和自然条件,应大力提倡覆盖制、生草制,逐年减少间作制,尽可能废除清耕制。随着密植果园的发展,行间较窄,用草量不多,覆盖制似乎更有发展前途。山东省苹果园秸秆覆盖面积已达到 30 万 hm^2,颇受果农欢迎。其他苹果产区也在大力推广中。

(5)综合治理

坡地果园应尽可能实行密植栽培,株行距一般要比平地各缩小 0.5～1m,并采用种绿肥、覆盖有机物、修梯田、深翻等措施,加深土层,改良土壤。沙地果园,除必须营造防风固沙林外,有条件的应抓紧雨季引洪漫淤;无水源条件的,可客土换沙,大力增施有机肥。盐碱地要深挖排水沟,修筑台田,用水冲碱,加强排水,客土压沙,种植绿肥作物或生草,营造防风林等。酸性土壤果园注意施用石灰中和酸性,使土壤保持中性。

2. 合理调控土壤水分

(1)果树需水量

水是苹果树体的重要组成部分。树干中水分占 50%左右,根、嫩梢和叶片中水分占 60%以上,果实中水分占 80%～90%,甚至更多。据报道,1 株 8 年生苹果树,在生长期间,每小时蒸腾水分达 16.4g,每天每 667m^2 水分蒸腾量可达 2.04m^3。1 株苹果大树,生长期间蒸腾水分 500～1 000kg;夏季每 667m^2 果园水分蒸腾量达 200～330m^3。从植株需水动态来看,春梢迅速生长期需水量最多,称需水临界期;冬季休眠期内,因无叶片蒸腾作用,需水量很少,但也需一定的水分供应。秋季苹果枝条含水量在 47%～67%,休眠期逐渐降到 16%～49%。如果休眠期枝条失水太多,失水超过 50%就会发生抽条和冻害。

我国大部分苹果产区的降水分布不能充分满足红富士苹果树生长结果的需要,常有春旱、伏旱、冬旱和秋涝发生,给树体发育造成巨大影响,甚至导致某些类型砧木的富士树抽条，或受冻旱，使果实出现个小、果面裂口等现象。通常雨水量分布与果树需要不相适应，所以加强果园水分管理，做到保水、节水、合理调控水分供应是十分重要的。

(2)保墒技术

我国多数苹果园灌溉条件较差，主要靠保墒措施防止和减少土壤水分的大量散失。主要方法如下。

① 顶凌刨园　返浆期及时刨园、耙耱。

② 深刨树盘　每次降水或灌溉后深刨树盘，或中耕保墒。

③ 松土除草　上层土壤干旱时及时镇压提墒；雨季开始时浅耕园土，立垡不耱；雨季结束时，浅耕耙耱，蓄水保墒。

④ 深翻树盘　结合秋施基肥，深翻树盘，逐年扩大树穴，整修树盘、树带，及时耙耱、搂平。

⑤ 覆盖　利用秸秆、杂草、绿肥和塑料薄膜覆盖树盘、树带，乃至全园，保墒效果更好。

(3)节水技术

① 减少树体对水分的消耗　如疏除树上无用枝、密生枝、衰弱枝、寄生枝等，会明显减少树体枝叶的无效水分消耗，从而保证有用枝、叶、果的水分供应。

② 穴贮肥水　近年推广的旱地保水技术之一“穴贮肥水”技术，使有限的水分充分发挥作用，做到以水补肥、以肥济水，在小范围内为根系创造适宜的土壤水分条件。

③ 使用保水剂　土壤中以500∶1的比例加入保水剂，全年可提高土壤含水量2%，同时有减少土壤容重、增加土壤孔隙度的良好作用，能使树体较好发育。与未使用保水剂的树体相比，使用保水剂后，树体新梢生长量增加140.3%，树高增长48.4%，干周增粗192.9%。保水剂喷到树上，可形成一种白色保护膜。落叶后喷洒，可存留70～80天；发芽前喷洒，可存留25天；涂抹接穗上可存留20天。以后风化为白色粉状物，无污染、无毒害。

(4)灌溉技术

① 树盘灌　幼园多用此法。灌前修好水道和树盘边埂，即可放水入盘，用

水量较多，每 667m^2 果园 1 次灌水 80～120m^3。灌后土壤表层易板结，肥料流失，淋溶多。

② 沟灌　在水源不足的果园，可于树冠下开轮状沟，株间开短沟，灌水量较少，破坏土壤结构轻，生产上用得较多。

③ 滴灌　可为局部根系连续供水，保持原来土壤结构，水分状况稳定。此法比较省水、省工，同时可以节省肥料，对防止土壤次生盐渍化有明显作用，可增产 20%～30%。

滴灌的次数、水量因土壤水分和果树需水状况而定。每株树根据树冠大小，设置 3～6 个滴头，每个滴头每分钟滴水 22 滴，每小时滴水 4～5kg，连续滴灌 2 小时即可。旱时，每周滴灌 2 次。首次滴灌要使土壤水分达到饱和，以后土壤湿度宜稳定在田间最大持水量的 70%左右。

④ 渗灌　在地下一定深度铺设输水管道和渗管，靠水的压力，水分从管壁渗出，以保持根际土壤有适宜的湿度。其优点是省水、省力、省钱和快捷。塑管渗灌技术经验做法是：埋管长度以 100m 为宜，1 行苹果树以两旁埋管为佳，距树 70～90cm，眼孔 1mm，眼距 90cm，3 335m^2 果园修 1 座渗灌池。也可使用串联式渗灌法，即将几个渗灌池从池底用管子相互连通，一池有水，连接的各池水均与它同多。若一家果园需要灌溉，则相当于几个池为其供水。塑管渗灌的优点有 5 点。一是节水。渗灌 667m^2 果树，1 次需浇水 13m^3，相当于 19mm 的降水量，比地面大水漫灌每 667m^2 节水 47.5m^3。二是水分利用率高。常规灌水，根系利用率仅为 20%，渗灌利用率可达 80%。三是投资小。每 667m^2 一次性投资 100～130 元，使用期可长达数十年。四是化肥可以随水直达根部，减少了肥水流失和挥发。五是地面不板结，减少耕作次数，浇水用工极少。采用此灌溉法果园可实现大幅度增产增收的目的。

⑤ 管道灌　在地下铺设管道，在地面上接管灌溉，可节水 70%。同时，兼有喷药的功能，接上药管即可喷药，从而提高工作效率。

⑥ 塑料袋简易滴灌　将直径 3mm 的塑料滴管，截成 10～15cm 的小段，将一端剪成马蹄形。在马蹄形最顶部留高粱粒大小的孔，其余部分用火烘烤黏合。将滴管另一端平剪，插入塑料袋（容水量 30～35kg）1.5～2cm，接口处用铁丝扎

紧。扎时要掌握松紧度,过紧出水慢,过松出水快或漏水。出水量以每分钟110～120滴、每小时达2kg左右为宜。

在树冠外围垂直投影的地面上,挖3～5个距离相等的坑,坑深20cm左右,倾斜25°角。将盛满水的塑料水袋顺斜度放入坑中。水袋不宜平放,否则因压力小,出水困难。放好水袋后,将滴管埋入40cm深的土层中。为防止塑料袋老化,可在其上覆薄土、尼龙化肥袋等加以保护。此法可就地取材,省钱、省工,效果较好,易为果农接受。

(5)排水技术

红富士苹果树性喜湿润土壤,但怕水淹。为此,低洼果园要特别注意雨季排水。方法有3种。

① 平地排水　每隔2～4行树挖1条排水沟,沟深50～100cm,再挖排水支渠和干渠,以利果园排水。

② 山地排水　靠梯田壁挖深35cm左右的排水沟,沟内每隔5～6m修1个长1m左右的拦水土埂,其高度比梯田面低10cm左右,称"竹节沟"。在其出水口处,挖个沉淤坑(长1m,深、宽各60cm),在其上面修个石沿"水簸箕",以免排水时冲坏地堰。

③ 暗沟排水　在解涝地的地面以下,用石砌或用水泥管构筑暗沟,以利排除地下水,保护果树免受涝害。

根据苹果树生长对水分的需要,以及不同土壤条件的供水能力,采取上述排灌技术。苹果树生长前半期,要求土壤相对含水量为70%～80%;果实膨大期,要求土壤相对含水量为60%～70%;果树生长后半期,应使土壤相对含水量下降到50%～60%。

3. 合理施肥

(1)施肥依据

要做到合理施肥,必须因树、因时、因肥料状况、因地制宜。具体来说,要根据以下几点判断树体营养盈亏,确定施肥。

① 树相诊断　一般来说,树体外观形态——树相,反映树体营养状况。例如,红富士叶色越黄,说明营养越差,树势越弱;反之,叶色越深绿,说明营养越

足，树势越强。日本将红富士叶色由黄绿到深绿共分为 8 级，做“叶卡”，以供应用。叶色与叶片含氮量有明显相关性，叶色 1～4 级，叶片含氮量在 2.2%以下，营养较缺；叶色 5～6 级者，叶片含氮量在 2.5%～2.6%，属中庸树势，叶色正常，结果良好；叶色 7～8 级，叶片含氮量超过 2.6%，氮肥过多，树易旺长，影响果实着色。所以，凡叶色在 4 级以下者，应补充施肥，并应适当减少花、果留量，以复壮树势；叶色在 7 级以上者，应减少施氮量，适当加大花、果留量，注意疏枝，解决光照等，以改善果实着色状况。

② 土壤分析　从果园里，挖取土层 1～20cm、21～40cm、41～60cm 土样，土样要有一定代表性（如采用“五点取样”法，“十字交叉”法等）。土样经过晾干、磨细、过筛等处理，测定土壤质地、有机质含量、酸碱度，以及氮、磷、钾、钙和各种微量元素的含量。依据数据分析结果，对照丰产果园的相应参数，判断某种元素盈亏程度，再决定施肥。有些果园栽树前取土样分析得出一系列数据。结果后再取土样分析，许多元素含量波动较大，甚至有的元素含量大幅度下降，说明营养元素已为果树根系所吸收，应通过适当施肥补充。日本长野县根据土壤肥力高低分别施肥，每年每 667m^2 施用氮、磷、钾用量（千克）：肥力高土壤分别为 8.0、2.7、6.7；肥力中等土壤分别为 10.0、3.3、8.0；肥力低土壤分别为 13.3、4.0、9.3。我国各地土壤类型差异较大，肥力高低悬殊，应依土壤肥力状况，针对性施肥。

③ 叶分析　苹果新梢一定部位的叶片营养元素含量，能判断出体内营养水平、元素丰欠，了解树体对某种肥料吸收利用的情况，诊断肥料成分的过量与不足。采样方法是：在计划进行叶分析的果园里，于 7～8 月，新梢已经停止生长，叶内各种元素含量变化小时采叶分析，其数据才准确可靠。采叶时，应选择有代表性、生长结果正常的树 5～10 株，每次每株树采 10 片叶（树冠外围东西南北四个方位的叶子），混合样不少于 100 片。用洗涤剂水、自来水或无离子水将叶上污物冲去，放通风干燥处阴干后，送分析单位测试。分析单位经过叶样制备和常规化学、仪器分析，测出各种元素含量。然后，对照标准值，判断树体内营养状况，并据此提出相应的施肥建议（表 3-2）。据有关分析，红富士苹果树叶片含氮量一般在 2.2%～2.95%，标准量为 2.5%～2.6%；若氮含量在 2.0%～2.2%，

则为氮素不足;若氮含量在2.0%以下,为缺氮状态,应及时补氮;若氮含量在2.6%以上,则为氮素过量,应控制施氮。

表3-2 中华人民共和国国家标准果树叶标样(GB 7171—87)

元 素	含量平均值	95%置信限	变异系数/%
常量元素/%干基*			
氮	2.42	2.36~2.48	3.9
磷	0.176	0.166~0.186	8.1
钾	1.61	1.51~1.71	10.8
钙	1.48	1.42~1.54	6.7
镁	0.471	0.433~0.509	11.5
微量元素/mg/kg干基*			
铁	117	108~126	12.0
铜	31.8	29.5~34.1	10.0
锰	25.2	24.6~25.8	3.5
硼	36.1	32.8~39.4	10.2
锌	14.8	14.1~15.5	6.7

*以85℃干燥4h干基计。

④ 土壤状况　我国红富士苹果种植面积大,土壤类型复杂,土质、肥力等不尽相同,必须因地制宜施肥,才能产生理想效果。例如,土层深厚、有机质含量高、保肥力强的果园,追施氮肥量应少或较少;相反,沙地、瘠薄地,保肥力差,肥料随水流失严重,肥效期短,氮肥应勤施、少施。追肥多少因树冠大小而定,生长季里,可追施氮肥3~5次,每次株施50~200g。一般在土壤腐殖质多、土层深厚的冲积土果园,每年每667m^2施纯氮4~5.3kg;在土壤腐殖质少、土层浅薄的果园,每年每667m^2施纯氮5.3~6.7kg;在有效土层浅的沙土果园,每年每667m^2施纯氮6.7~8.0kg为宜。西北黄土高原果区土壤中普遍缺磷,应增施磷肥。渤海湾果区普遍缺钾,应多补钾肥。

⑤ 树势与年龄状况　树势反应肥料供应能力和各元素的配比,树势不同,施肥特点各异。旺树施肥特点是:施肥期,采用前期施肥,促春梢,控秋梢,或秋梢停长后施肥,以免秋梢贪青徒长,或早秋施基肥,并结合深翻断根;施肥品种以磷钾肥为主,控制氮肥;施肥方法,宜多深施基肥,加强根外追肥,少作地面追肥。

而弱树施肥特点则与旺树相反，应多施有机肥，多施氮肥，多用地面追肥和根外追肥，以加强营养生长，复壮树势。

对不同年龄时期的树，应采取不同的施肥方法。幼树期，树旺成花少，要适当控制氮肥，多施磷钾肥，施肥位置和深度要逐年扩大和加深。初果期至盛果期，生长缓慢，果量渐增，在施磷钾肥的基础上，适当增施氮肥，加强深翻，放好“树窝子”。盛果期至衰老期，结果与营养生长平衡或结果过多，要着重促进春梢生长，增加营养积累与贮备。所以，基肥应早施、多施、深施，土壤追肥宜多次（3～4 次）足量，逐渐增加氮肥用量与比例，结合灌水，促进树壮与高产。单就有机肥施用量来说，不同年龄时期亦有变化。一般株施有机肥幼树期为 15～25kg；初果期为 25～150kg。盛果期树，每 667m^2 产量 1 500～2 000kg 时，应按生产 1kg 果实施 1kg 有机肥。若每 667m^2 产量 2 500～3 000kg 时，要求生产 1kg 果实施入 1.5kg 有机肥，即每 667m^2 施 4 000～4 500kg 有机肥，才能保证丰产、稳产、优质。

⑥ 结果状况　红富士结果树，大小年结果差异比较大。为消除大小年，在施肥管理上要区别对待。

对于小年树，施肥为了提高当年产量，促进春梢生长，控制大量成花，主要施肥期要点如下。

花前施肥，以氮肥为主，氮肥施用量为全年施用量的 30%～45%，磷钾肥施用量为全年施用量的 10%左右，着重提高坐果率；

春梢旺长期施肥，追施全年用量 15%～20%的氮肥、30%的磷肥、40%的钾肥，着重促春梢生长，减少成花；

春梢停长期施肥，追施全年用量 15%的氮肥、20%的磷钾肥，或不施肥，以控制成花；

果实迅速膨大期施肥，追施全年用量 20%的氮肥、30%的磷肥、40%的钾肥，以增大果个和促进着色；

秋施基肥，以有机肥为主，按每 1kg 果实施 1～1.5kg 有机肥的比例施用有机肥。每 50kg 果实补施 0.25kg 尿素，追施全年用量 10%左右的磷钾肥。

对于大年树，施肥的目的是维持正常树势，促进成花，增进果实品质。其施肥要点如下。

花前施肥，氮肥施用全年用量的30%，以促进新梢生长；

花芽分化前施肥，追施全年用量20%的氮肥、40%的磷肥、40%的钾肥，以利成花；

果实生长后期(9月)，追施全年用量20%的氮肥、20%的磷肥、60%的钾肥，以利增大果个，促进着色，增加树体营养贮备；

秋施基肥，以有机肥为主，施用全年用量30%的氮肥、40%的磷肥，以利根系发育与吸收，增加树体营养贮备。

(2)肥料的吸收利用

果树根系对肥料的吸收、利用是有一定规律的。概括地说有两种作用。一是增效作用，即土壤中某种营养元素增多，可以提高不同营养元素的营养效果。例如，往含氮量高的土壤中增施磷肥，可以促进含氮有机物的合成。二是对抗作用，即土壤中某种矿质元素的存在可以抵消或抑制其他矿质元素的营养效果。例如，大量施钾，会影响根系对氮、钙、镁、锌的吸收，导致富士苹果苦痘病、水心病加重。在磷多的土壤里，锌、钾、镁的吸收受到抑制，大量增施磷素化肥，亦能引起铁、锌缺乏病。氮增加时，会促进钙、镁的吸收，但抑制钾、硼、铜、锌和磷的吸收。钾过多时，会造成钙、镁、氮、铁、锌吸收的减少。当土壤缺钙时，不利于铵态氮的吸收，铁、锌、硼变成不溶性，难于被根系所吸收。因此，在施肥时，要充分考虑到各元素间的平衡问题，以充分发挥肥效。

(3)基肥

基肥肥效稳定而长，营养丰富而全面，但需经微生物分解，养分才能逐渐释放出来，被果树根系吸收。多施基肥能使幼树生长健壮，适龄结果，也能使结果树丰产优质。所以，栽培红富士苹果，应适当增施基肥。

① 基肥种类　基肥主要是各种有机肥，如家畜肥、家禽肥、土杂肥、秸秆肥、饼肥、骨粉、皮渣肥、蹄甲肥、绿肥等；无机肥有过磷酸钙、磷矿粉、钢渣磷肥、硅钙镁肥、钙镁磷肥等。

② 基肥施用期　秋施好于春施，早秋施又好于晚秋施和冬季施。在基肥量相同时，连年施入好于隔年施入；肥源不足时，可采用集中施，随有随施。

③ 基肥施用量　盛果期红富士树枝叶多，产量高，根系遍布全园，尤其是密植园，根系纵横交错，分布密度大，土壤养分消耗多，应得到及时补充。基肥施用量应依产量而定。一般每667m^2产量2 000kg左右的富士园，每年每667m^2施2 000kg以上的优质基肥，即达到“1kg果1kg肥”标准；每667m^2产量2 500～3 500kg的高产园，每年每667m^2施4 000～5 000kg优质基肥，即达到“1kg果1.5kg肥”的水平。密植园盛果期早，一般在栽后5～7年时，每667m^2施3 000～5 000kg优质基肥，个别高产园（每667m^2产量4 000kg以上），每年每667m^2要施8 000～10 000kg优质基肥，才能保证优质稳产。

④ 基肥施用法　基肥主要采用沟施、地面撒施两种。

a. 沟施，当根系尚未占据其营养面积以前，需引根向广、深发展时，可用环状、方块状、放射状和短条沟深施（40～100cm）农家肥。

b. 撒施，当根系已布满全园时，可将基肥均匀撒于地面，而后耕刨入土，以利表层根系充分发育和吸收养分，尤其在用秸秆覆盖条件下，更容易发挥肥效。

（4）追肥

在基肥营养供不应求时，根据果树需肥情况，及时补肥，可收到事半功倍的生产效果。

① 肥料种类　追肥多用速效化肥。目前，速效氮肥有：尿素、硝酸铵、硫酸铵、碳酸氢铵、磷酸二铵等。速效磷钾肥有：磷酸二氢钾、磷酸二铵、氯化钾、硫酸钾和富含磷钾的各种复合肥及果树专用肥等。迟效性的磷钾肥有过磷酸钙、磷矿粉等。微量元素肥料有：光合微肥、美果露、氨基酸复合微肥、稀土元素、微肥、硝黄铁肥、FCU复合铁肥、环烷酸锌、肽微肥等。

② 追肥方式　追肥方式分根部追肥和根外追肥两种。

a. 根部追肥要依施肥目的而定：为促进幼树扩大树冠早成形，应于新梢生长前和旺盛生长期追肥；为了增强结果树营养生长，可偏重花后追肥；为提高坐果率和增强树势，应侧重春、秋两季追肥；为促进树势缓和，增加枝量和中短枝比例，应于萌芽前施肥；为促进花芽分化，应于春梢缓慢生长—停长期施肥；为抑制成花，花芽分化前不应追肥；为促进树体营养积累，提高抗寒力，应于秋梢停长期施肥；为提高红富士果实着色度，9月应加强施肥。

从红富士苹果各年龄时期的树势来考虑幼旺树，宜于春梢停长期(5月底至6月初)，追施少量氮肥和适量磷钾肥，有利于抑制旺长，促进成花、结果。初果期树，宜在花前、花芽分化前(4月中旬和6月中旬)追施适量氮肥和较多的磷钾肥，以利成花、坐果、增大果个等。盛果期树或弱树，宜于萌芽后、春梢旺长前追施适量氮肥和钾肥，可提高坐果率、促进春梢生长和成花，有利于复壮树势。

红富士果实着色与氮素含量密切相关。一般提倡8月下旬至9月施氮肥，可以避免秋梢旺长，增加光合产物积累，从而有利于果实着色。

b. 根外追肥。主要喷布叶面，因此，从花期以前至采收期均可。但根外追肥目的和肥料种类不同，其喷施时期也不一样。一般，前期以氮肥为主，后期以磷钾肥为主。微量元素应视树体微量元素缺少程度和微量元素作用而酌情确定喷布期。如为提高坐果，可于花期喷布硼肥，花期前、后喷美果露；为了果大质佳，可于定果后、成熟前喷布氨基酸复合微肥等。

根外追肥虽有一定作用，但施肥次数不宜过多，通常以全年3～5次为宜，其中以中后期为主。为减少劳力和水资源消耗，降低生产成本，最好与防治病虫害的喷药相结合(注意混喷的可能性，防止产生药害)。红富士苹果树根外追肥的时期、浓度、次数见表3-3。

表3-3　红富士苹果树根外追肥的时期、次数与浓度

肥料名称	浓度/%	喷布时期	次数
尿素①	0.3～0.5	花后至采收后	2～4
	2～3	落叶前1个月	1～2
腐熟人尿①	15	生长期	1～2
过磷酸钙①	2～3(浸出液)	花后至采前	3～4
磷酸二氢钾	0.2～0.3	生长期	2～4
磷酸铵	0.5	生长期	2～3
硫酸钾	0.3～0.5	花后至采前	2～4
硝酸钾	0.3～0.5	花后至采前	2～3
草木灰②	3～5(浸出液)	果实膨大期	2～3
硫酸亚铁③	0.5	花后至采收	2～3
	2～4	休眠期	1

续表

肥料名称	浓度(%)	喷布时期	次数
硫酸锌④	0.05～0.1	花落瓣前，萌芽期采前	1
氯化钙⑤	2～4	休眠期	1
	1～2	花后 4～5 周	1～7
硝酸钙⑤	2.5～6.0	采前 1 个月	1～3
	0.3～1.0	花后 4～5 周	1～7
硼砂⑥	1.0	采前 1 个月	1～3
	0.2～0.3	花落瓣前后	1
硫酸铜	0.05	花后至 6 月底	1
硫酸锰	0.2～0.3	花后	1
钼酸铵	0.3～0.6	花后	1～3
氨基酸复合微肥⑦	0.2	花期	1
	0.15	定果后	1
氨基酸复合微肥⑦	0.2～0.3	膨大期至采前	约 15 天 1 次
美果露⑧	600 倍液	花瓣未展开前	1
(美果灵)	800 倍液	盛花期	1
光合微肥⑧	500 倍液	5～6 月	3
肽微肥⑨	100mL 原液加水 50～80L	6～7 月	2
稀土微肥⑩	0.05～0.1	花期、果实发育期	2～3

注：①不能与草木灰、石灰混用；②不能与氮肥、过磷酸钙混用；③治黄化病；④防小叶病；⑤防水心病、木栓病和苦痘病等缺钙症；⑥提高坐果率，防治缺硼症；⑦增加坐果，果大、质佳，提早成熟；⑧增加坐果，促使果面光洁与增大果个，增加着色；⑨果大、色红，病害轻；⑩不能与碱性农药混用。

③ 追肥数量及各元素配比　追肥量与其比例可因具体情况而定。

首先是施氮量，多数果园施氮偏多，树势偏旺，成花少，产量低。据我国相关研究结果，施用纯氮量：苹果幼龄树株施 0.25～0.45kg，初果期树株施 0.45～1.4kg，盛果期树株施 1.4～1.9kg。按氮∶磷∶钾＝2∶1∶2 的比例，补磷钾肥。每 667m^2 产量 2 500kg 以上时，以每 50kg 果施纯氮 0.4～0.5kg 较好。施氮过多，往往降低果实品质。

其次是施磷量,在缺磷土壤里,施磷对丰产优质影响较大。据试验,在辽宁南部地区,苹果树株施2.5～5kg过磷酸钙,比不施磷肥增产40.5%～284.6%。

再次是施钾量,红富士施钾量对成花量有重大影响,二者呈显著正比,但对新梢生长影响不大。施钾量多,植株中短枝比例大,株产量高。一般施钾量(有效成分计)可高于施氮量。幼树期每667m^{2}果园施8kg左右钾肥,盛果期树每667m^{2}果园施20～30kg钾肥。

为了使施肥量更加合理,充分发挥肥效,各元素间的配比十分重要。由于各地土壤状况千差万别,各元素配比也因地而异。例如,西北黄土高原果区,土壤含磷量普遍较低,且多为钙质土,磷易被固结,钾也不足,所以增施磷钾肥后,增产、增质效果显著。据调查,每生产100kg红富士苹果,需纯氮0.8～1.0kg,磷1～1.2kg,钾0.8～1.0kg。

据研究,辽宁南部苹果园施用氮、磷、钾比例以2∶1∶1为宜,个别果园以2∶1∶2为好。施氮、磷、钾的比例苹果幼树为1∶2∶1,结果期为1∶1∶2。若土壤贫瘠,可增施氮肥,其比例为2∶2∶1。

黄河故道苹果产区,例如江苏省沛县提出,1～3年生树每年追肥2次,每次株施尿素50g或碳铵75g;4年生树,每年追肥4次,发芽前株施尿素100g,花后株施尿素50g、硫酸钾50g、过磷酸钙250g,坐果后株施磷酸二铵1.25kg。安徽省亳州市果树办提出,红富士幼树每667m^{2}果园施纯氮7kg、磷3kg、钾8kg,氮磷钾比为1∶0.43∶1.14效果最好。石家庄一带红富士结果初期前,依土壤肥力,每年或隔年施土粪3 000～5 000kg,并加入3%～5%的过磷酸钙,追肥2～3次,每667m^{2}施尿素15～30kg;丰产期,每年秋季,每667m^{2}施5 000kg土粪,并加入3%～5%过磷酸钙,追施尿素30～50kg、钾肥20～30kg。

目前,生产上普遍推广配方施肥(或称平衡施肥)。复合肥或果树专用肥是含两种以上的元素,符合苹果生长结果的需要,其氮、磷、钾比例多为2∶1∶1,其中因浓度不同,又有高、中、低之分。高浓度氮、磷、钾含量为20%、10%、10%,共40%;中浓度氮、磷、钾含量为15%∶7.5%∶7.5%,共30%;低浓度氮、磷、钾含量为14%、7%、4%,共25%。据试验,中浓度苹果专用肥平均增产26.6%,每生产100kg苹果,需施用4.7kg复合肥;低浓度复合肥平均增产

26%，每生产100kg苹果，需施用5kg复合肥。

不同年龄时期苹果树配方施肥量不同：1～3年生幼树，萌动前株施氮、磷、钾复合肥0.2～0.4kg；4～9年生初果期树，花前株施氮、磷、钾复合肥1kg，若氮、磷、钾均为单元素肥料时，可按所需配比施入，将全年氮肥用量的1/2及全部磷钾肥1次施入，其余1/2氮肥，于花芽分化期施入。

盛果期树施复合肥量应视产量而定，一般每产果0.5kg，应施复合肥0.05kg。

果树氮、磷、钾肥适宜用量及配比举例如下。

初果期株产75～100kg情况下，氮、磷、钾适宜配比为：全年株施尿素1kg（含纯氮0.92kg），过磷酸钙3kg（含磷0.81kg），氯化钾1kg（含氧化钾0.60kg），其有效含量比为0.92∶0.81∶0.60，三者配合施用，效果最佳。

成龄果园，氮、磷、钾肥最佳配比为2∶1∶2（渤海湾果区），以标准硫酸铵20%或尿素46%、过磷酸钙17%、氯化钾60%的含量统一换算，再以总产量高低，按配比混合施入。如果土壤瘠薄，可株施（分两次，3月和5月）混合化肥1.5～4.4kg，其氮、磷、钾的配比为1∶1.2∶0.7。

在土壤中，如缺乏某种、某几种元素时，可选用不同剂型的复合肥，如高磷型、高钾型、高锌型、高硼型和高铁型等。北京市顺义区果园钾、铁、锌严重缺乏，便配出氮、磷、钾比例为1∶1∶1，含量各为10%，铁、锌、硼等各种微量元素占6%的专用肥。将此种肥料施于红富士果园，显著提高了单果重和单株产量。因此，红富士苹果园施用复合肥料或配方施肥是今后施肥的总趋势。

④ 施追肥方法　根部追肥，可采用以下方法。

a. 浅沟法。在红富士根系密集区的地面上，挖10cm左右深的放射沟，或环状沟、半环状沟、直沟、短沟，将肥料均匀撒入沟中，量大时要与土拌匀，切勿过分集中或大块填入，以免造成肥害，然后覆土填平施肥沟。有条件的灌1次水，以利化肥溶解、吸收。

b. 穴施。一般山坡旱地肥料不足时，在树盘内挖6～12个深40～50cm的穴，将追肥分层施入，与表土充分混合，覆土填平。也可以先往穴内填充秸秆与杂草，然后撒上化肥，灌足水，上覆小块地膜，令中央微凹并扎小孔，以接纳雨水，孔上压小石块或瓦片,以防穴内水分蒸发。这种方法叫“穴贮肥水”,有良好的供水、供肥、保树作用。可在旱坡地果园推广应用。

c. 随灌溉施肥。将肥料溶于水中或将液体肥料随渠水灌于树下,或通过喷灌、滴灌和渗灌系统,将肥料喷、滴、渗到树上或树下,但千万要注意溶液浓度,以免灼烧枝、叶、根系等。此法简单易行,节省劳力,能充分发挥肥效。

d. 全园撒肥。盛果期,尤其密植园,根系密布全园,土壤已经过多年改良,可将肥料均匀撒于园面,但要距树干 0.5m 以上(因近树干处只有大骨干根而无毛吸根),然后深耕 20cm 左右,使肥料与土壤充分混匀。

根外追肥,要慎重选择肥料种类和浓度。喷布时间宜在阴天或晴天的早、晚进行。喷肥要细致、均匀、周到,尤其是叶背、内膛和新梢上半部不要漏喷,以利吸收利用。

4. 合理修剪

在正常管理条件下,红富士苹果树一般栽后 6～7 年便可进入盛果期。此期树势明显缓和,新梢年生长量多在 20～30cm;结果枝以短果枝为主,中长果枝和腋花芽明显减少(不足 30%),产量潜力充分发挥,每 667m^2 产量可高达 8 000kg 以上。但因红富士果枝连续结果能力差,结果量稍有超载,下年便出现小年。在营养消耗过大时,有时可连续出现两个小年。除采取综合措施外,在修剪上,要保证通风透光,维持良好而稳定的树体结构和树势,以延长丰产优质期。

(1)调节树体结构,改善光照条件

红富士苹果喜直射光,光照不足,成花少,果实着色欠佳,产量低。近年多数果区栽植红富士密度偏大,又多采用轻剪长放修剪法,多表现枝量过多,尤其大辅养枝、过长光杆枝拥塞树冠,严重影响层间、内膛通风透光。为此,在改造树体上要采取如下措施。

① 控制树高　树冠应留多高要看行株距大小而定,行株距愈宽,树冠留得越高。一般稀植园树高不宜超过 4.5m,最好在 4m 以下,要注重增加冠幅,降低冠形指数;密植园树高不宜超过行距,一般宜控制在 3m 以下。当树势已经稳定,树高超过树形规定的高度时,便可进行落头。不论稀植园,还是密植园,行间射影角均不应大于 49°角。具体落头法是:

稀植大冠树，在预留的最上部主枝以上，先缓和中央领导干过强的生长势，疏除强旺分枝，其余枝拉平、缓放，1 年生枝不短截。必要时，夏季在将来落头部位进行刻剥，使树冠上部大量成花、结果。结果后，树势进一步缓和，顶部主枝开张角度渐趋稳定，粗度与中干相近。如果顶部主枝太大、太强，可疏缩其上过大分枝，以使将来落头后上部有个“小头”，维持树冠上小下大的轮廓。在落头时，应在顶部主枝对面选一小分枝作“跟枝”，它既能帮助伤口愈合，又可防止枝干日灼。根据“1～2 年长放，2～3 年缓势结果，4～5 年去掉”的步骤，在三叉枝上面落头。为防止树冠顶部因一次去枝太多而诱发旺枝旺条，也可采用“二次落头法”落头，即第一次轻轻落头，最后一次再落到计划落头处。

密植小冠树，因树冠超高，下部太荫蔽，也要适时落头。落头部位只要有一个好分枝便可。因中央领导干上部较细，落头处伤疤小，枝条又多，一般不必选在有三叉枝部位。在一个园貌整齐的园子里，要基本达到落头后树冠高度一致、整齐美观、通风透光。

② 保持树形轮廓　由于密植、顶端优势和光照条件的原因，树冠上部大枝发育良好，几年之内便可形成强大分枝，甚至对原中央领导干造成较大威胁，或使树冠形成上大下小的形状。为此，要对上部大枝采取逐年疏、缩过大侧生分枝和对主枝头采用背后枝换头法，缩短枝轴长度并开张其角度（图 3-1）。通过改造，使上部主枝长度和枝量小于下部主枝，使第二层以上枝量与基部主枝枝量之比达

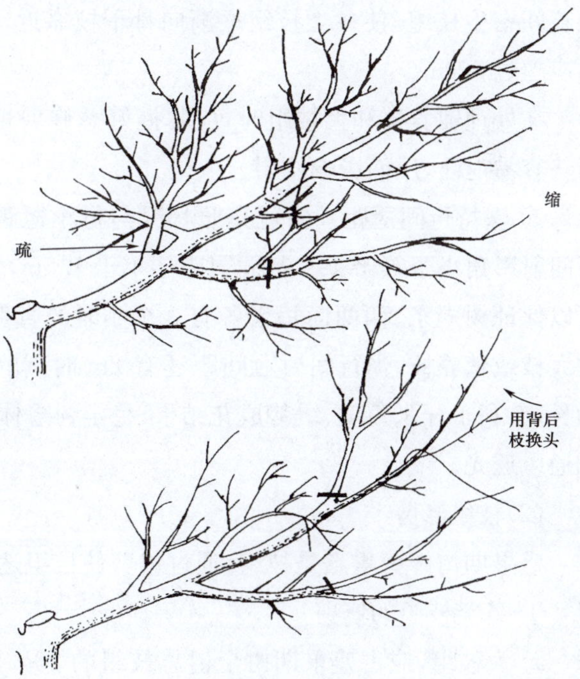

图 3-1　顶端主枝改造法

到(2～3)∶5。

③ 调整骨干枝角度　红富士树冠若不加管理，往往直立向上，呈枪头形或扫帚形。因此，要进一步调整各级骨干枝的开张角度。基部主枝腰角要达到70°～80°，中部主枝60°～70°角，上部主枝50°～60°角。各种小冠树形的小主枝或各侧生分枝要保持80°～90°角。

④ 保持层距　中、大冠树形层间距，生长季叶幕层应保证有50～60cm的间隔，对层间辅养枝的处理，要依据具体情况而定。首先，应处理影响骨干枝发育最严重的辅养枝；其次，若辅养枝不太碍事时，可疏除其上大的分枝，缩小体积，使其呈单轴细长延伸。过几年，再改造回缩为大中枝组或疏除。在两枝组对骨干枝影响相同时，应先疏除分枝少、结果少的光杆枝、过旺枝。1年生枝数量较多时，应去直留平、去强留弱，疏发育枝留结果枝。对暂可保留的、花芽少的强旺辅养枝，夏季刻剥，促花结果。

在清理层间时，除辅养枝外，还要控制背上高大枝组和冗长的下垂枝组，适度疏间密生枝组，使各类枝组逐渐向骨干枝靠近，下层主枝背上枝组分布高度，不应超过50cm。

在处理辅养枝和大枝组时，应掌握好总修剪量，应分期、分批疏、缩。否则，树势容易返旺，反而影响结果。

⑤ 保持行间冠距　树冠光照状况与行距冠距有着密切的联系。一般要求行间射影角小于等于49°，行间冠距不小于1.5m，全园枝叶覆盖度在78%左右，可以保证树冠东、西两面每天各有3个小时的直射光。为此，要疏、缩伸向行间的大枝或辅养枝，当行间树冠间距还有2m时，就要停止短截延长头，令其自然伸长，有利于开张角度、缓势成花结果，稳定树冠体积和行间冠距，确保行间通行和通风透光。

(2)枝组修剪

盛果期树修剪重点是枝组，通过修剪使枝组达到理想状态。

① 各类枝组的修剪

a. 大枝组，应占盛果期树全树总枝组的20%以下为宜，多分布于骨干枝两侧，呈斜生、紧凑状态。大枝组的培养，一部分是由直立枝、徒长枝改造而来，另一部分是由中、小发育枝逐渐扩展而来，其余部分则是由辅养枝改造而来。当大枝组衰弱后，首先要缩剪过长的枝轴，集中营养，使其敦实、健壮；其次利用强枝、壮芽带头，并且在饱满芽处短截，使枝组呈斜生状态；再次是疏剪过弱的多年生分枝，疏截过多、过密、过弱的花芽，减轻负担，恢复长势。

b. 中枝组，可由发育枝截放、大枝组改造和小枝组发展而来。当它衰弱时，一是要改用强枝壮芽带头，延长头饱满芽处剪截；二是疏截过多的花芽，减少负担。

c. 小枝组，常由果枝连续结果而来，也能由中、短枝连放而来，还可能由中枝组改造而来。其衰弱时，更新方法是：用强枝壮芽当头，疏除下垂、细弱部分，切不可重缩，否则易枯死。另外，要疏剪过多的花芽和花、果，并且适当疏、缩其周围遮荫枝组或枝条，以利其复壮。

② 不同生长势枝组的修剪　红富士丰产优质树以中庸健壮枝组居多。各种生长势树上，强、中、弱枝组并存，强树上有弱枝组，弱树上也有强枝组。应通过修剪，促进强旺枝组和衰弱枝组向中庸枝组转化。

a. 强枝组，在修剪上应加大枝组分布角度，疏除强发育枝、保留中庸枝和结果枝，夏剪时可对太强大枝组进行环割或环剥，以缓势促花。

b. 弱枝组，应于中、后部强枝壮芽处回缩枝轴，适当疏除弱的分枝，部分短截发育枝和中、长果枝，少留花、果，以利迅速复壮。红富士结果枝年龄不应超过6年，大多应处于3～5年生状态，所以应对衰老果枝分批更新。同时，应加强培养新枝组，不断代替老枝组。为使弱枝组有相当的生存空间，同方向枝组间距要在30cm以上。

c. 中庸健壮枝组，在修剪时要选留中庸偏弱的枝作延长头，并于饱满芽剪截。短截部分果枝，使花、叶芽比保持在1∶3左右。

③ 不同结果状况树枝组的修剪

大年树枝组的修剪主要应抓住以下几点：回缩更新衰弱的枝组和密生枝组；疏除过量的花芽、花和幼果，短截果台果枝和中、长果枝；回缩串花枝，短截腋花芽，以减轻产量负担，集中部分营养形成当年花芽。

小年树枝组的修剪要点是：尽量保留各类枝组上的花芽，对中、长果枝和果台副梢不打头;适当疏除过密的无花枝组和衰弱枝组;适当短截强发育枝,以促生分枝,作为更新枝用;更新无花的果台枝。

(3)各种类型树的整形修剪

① 丰产稳产树　这种类型树的特点是:树势中庸,新梢年生长量30cm左右,长枝占全树总枝数的20%左右,中、短枝占全树总枝数的80%左右,花芽占全树总枝数的25%~30%。历年产量变幅不超过30%。修剪要点如下。

a. 各级骨干枝的延长枝,如有发展空间应于中部饱满芽处剪截,增加分枝,扩大树冠;对即将交接和已交叉的延长头,可长放不截或适度回缩,以减缓树冠交叉程度;注意抑前促后,即适当疏除延长头以下过多、过旺枝,使之保持疏散状态,以利中、后部枝组复壮、稳定。

b. 合理配备各级骨干枝上的枝组。在骨干枝背上,多配备小枝组,两侧以中枝组为主。斜生、下垂枝组可偏大些,但上层主枝上的下垂枝组不宜过大,否则,会影响下层光照。枝组处于发展阶段,周围又有空间者,延长头中截,促生分枝,占据空间。枝组处于维持阶段,要用弱枝、弱芽当头,疏除部分旺枝,缓放中庸枝,调整组内花、叶芽比1∶3左右,枝果比5~6∶1。对衰弱枝组,用壮枝壮芽当头,适度回缩。注意培养新枝组,逐步取代老枝组。使全树充满生机,保持树老枝不衰状态。

c. 留足预备枝。通过修剪调整,使全树花、叶芽比达到1∶3~4。花芽过多时,要对中、长果枝轻截,使其当年成花(即以花芽换花芽),再对另一部分枝条中截或重截、缩剪,以便抽生强发育枝,为下年成花作好准备,即"三套枝"模式,可以确保丰产稳产。

d. 控制好1年生枝。对主、侧枝背上旺枝,要严加管理,采用拉、扭等法,使其斜生、下垂;无用者,及早疏除。对于中庸斜生枝可长放不动。

e. 控制树高4m左右,维持树冠上小下大的轮廓,层间距1m左右,以利通风透光。

② 大年树修剪　大年树花芽量和花芽比例过大,修剪要点有以下几项。

a. 放手更新,对已交叉、重叠、过密的辅养枝、大枝组,进行适当疏、缩,以改善光照,紧凑枝组。

b. 疏除部分过密、衰弱枝组以及枝组上过多、过弱的花芽，对生长较弱的枝组，可在中部强枝壮芽处回缩，以利复壮。

c. 短截大部分中、长果枝，缓放中短发育枝，使其当年成花；果台枝有花芽者，也要破顶，果台枝过短、过弱者，要更新。

d. 注意培养新枝组，代替衰老枝组。

e. 认真疏除多余花、幼果，严格控产，是解决大小年问题的关键技术。

③ 小年树修剪　小年树花芽过少，其修剪要点是：

a. 尽可能多留可能是花芽的枝，中、长果枝和果台枝一般不要短截。

b. 对无花枝组，过密者疏除，衰弱者回缩，以利更新复壮。

c. 1 年生枝要适当短截一部分，以减少当年成花。

d. 搞好花前夏剪，对于冬剪时因认不准花芽而多留的枝，进行清理，以减少枝量，改善光照。

e. 无花芽的衰弱果台枝，应除台更新。

④ 树冠郁密树的修剪　我国栽培红富士苹果多用密植体制，有些果园栽后 3～4 年，株间便已交叉，行间空隙不足 1m，加之连年轻剪，枝量剧增，内膛郁密。也有些果园外围枝打头多，长条密集，结果部位外移，内膛枝生长细弱，部分枯死。为此，在修剪上要采取下列办法。

a. 树冠细高、超过 4m 者，可逐年落头开心，使树冠高度降至 4m 以下。

b. 控制上部主枝、侧枝、枝组数量，使基部主枝总枝量占全树 60%～70%。清除层间枝，使第一、第二层间距保持在 50～60cm，小冠树形上下侧生枝间距也能保持 40～50cm。

c. 适当疏剪外围密生枝、竞争枝，使外围各枝头间保持 30～40cm 间距。对于保留枝要少截多放。

d. 及时疏除骨干枝背上直立徒长枝，可利用的，要变向，使之平生和下垂。背上枝组以小型为主，大、中枝组搭配。

e. 骨干枝腰角保持在 60°～70°之间。

f. 中、小冠树形，要控制侧生枝量和小主枝数量。如细长纺锤形侧生枝不宜超过 20 个，自由纺锤形侧生枝在 15 个以内，小冠疏层形主枝在 7 个以内，侧枝 5～6 个。

⑤ 高接树的修剪

a. 在原砧树树体结构的基础上，确定修剪成某种树形。

b. 对高接枝竞争梢进行扭梢或疏除，使延长梢生长健壮。待6月高接枝生长到60cm以上时，要进行摘心，利用二次梢扩大树冠，增加骨干枝级次。

c. 除骨干枝外，其余枝皆为枝组或辅养枝，采用扭梢、摘心、拉枝、捋枝等夏剪促花措施，效果非常明显。

d. 开张高接枝角度。高接树根系暂时相对庞大，树冠直立向上，呈“灯台式”，不利及早投产。开张角度主要用拉枝和二次枝换头等法。

e. 适当控制高接枝数量。随高接树的迅速恢复生长，枝条横生竖长，枝量剧增，光照逐年恶化，因此要控制高接树总留枝量。据国内外经验，全树高接150个枝时，接后第一至第二年里尽量保留结果，第三至第四年，可保留100个枝左右，第五至第六年时，留30～40个枝，接龄10年生以上，宜保留10～20个高接枝。到底留多少，因树冠大小和树形而定。每667m^2 总枝量仍然要控制在8万～10万个。

⑥ 树势不平衡树的修剪　这种树还可细分为3种类型。

a. 全树旺长树。这类树多因修剪过重、短截过多所致。在修剪上，要采用晚剪、轻剪和夏剪的方法，除各骨干枝延长头轻剪外，要注意疏除过密、过强枝，其余枝尽可能拉枝长放，待成花结果后，再逐步修剪混乱不堪的树冠。

b. 上强下弱树。这类树主要是上部留大枝太多、修剪又重所致。在修剪时，主要是抬高基部主枝角度，适当多打头，以恢复生长、增加枝量；对上部强枝(辅养枝、大枝组)，要有计划地疏、缩一部分，暂时保留的要开张角度，轻剪缓放，多留花芽。树头太高、太大者，要落头开心。对上层骨干枝上的直立枝、过密枝要疏除，其余枝应拉平、缓放，以缓势成花。

c. 外强内弱树。这类树是由于骨干枝开张角度小(多在40°～50°角)、各级枝基本分布在一个平面上，显得树冠外围枝多而旺，内膛枝难以发育起来。另外，连年重截、中截外围枝较多，疏、放剪法用得少，促进多发旺枝，影响成花结果。因此，在修剪上要开张骨干枝角度，培养好骨干枝两侧和背后枝组，适当疏除外围过密、过旺的多年生枝，疏除各延长头的竞争枝、三叉枝等，其余枝缓放不动，抑外促内，使内膛枝组得到复壮。

⑦ 残缺树的修剪　生产上，常有些残缺不全的树，造成这类树的原因主要是冻害、抽条、病害、果实压劈枝条等。对这类树的修剪方法是：花芽多的衰弱树，应适度缩剪弱枝、弱枝组，1 年生枝尽可能于饱满芽剪、疏截多余的花芽，以利树势复壮。缺枝少杈树，如果只有基部主枝，可于各主枝上任选一个适合的直立强旺枝作新的领导枝，对其适当轻剪，辅以刻芽，增加长枝数量。对其余徒长枝，有用的拉平，无用的疏除。主、侧枝不全的树，可用其周围的强枝、侧生枝补空。办法是先将该枝拉到适当方位，然后轻剪长放，选好剪口芽方向，经过几年的培养，便可增枝补空，圆满树冠。

⑧ 全园郁蔽　这种果园到处可见，应成为生产上的突出问题并引起重视。在初果期，株行间已交接，甚至株间交接率达 30%以上，相邻两株树的枝条已伸达另一株树的中央领导干上，此时，全园总枝量已逾 15 万条，叶面积系数大于 5，树高在 5m 以上，全园形成密林结构，田间管理十分困难，产量低下。对这类果园的改造办法有以下几点。

a. 6 年生以内的因密植而造成郁蔽的果园，应进行间移，最好在秋季采果后隔株或隔行进行，一是间移后留下的树，可以得到充足的光照，二是间移后树穴可大量改土施肥，有利于保留树的发育。

b. 树冠大，不便间移的郁蔽果园，可进行间伐。为了不影响产量，对间伐树可用逐年疏间或重缩主、侧枝和辅养枝的办法，2～4 年后，间伐株已无保留价值时，便可于采收后间伐。

值得注意的是，间伐后应把定植穴内大的残根刨净，施入足量农家肥，这是深翻熟化土壤的良好机会，不能轻易放过。

四、红富士苹果优质生产技术

(一)红富士优新品种

国家农业农村部(原农业部)为了尽快解决晚熟苹果品种单调、老化、质差的问题,1979 年组织了赴日果树考察团,1980 年 3 月通过中日政府渠道,引进了长富 2 号、长富 5 号、秋富 1 号等大量红富士芽变品种苗木接穗,并进行了多点试栽观察,取得了基本成功。经过几十年的发展,红富士苹果已成为我国苹果产区的主栽品种。随着苹果面积的增加,各地陆续发现和选育出一些芽变品种,如礼富 1 号(礼泉短富)、惠民短枝等。下面着重介绍以下 4 个品种。

1. 礼富 1 号

(1)品种来源

1980 年,陕西省礼泉县试栽日本着色系红富士品种,在该县东庄刘家发现一变异株。1983 年春从秋富 1 号采接穗,枝接在 M26 砧上,当年发出 3 条 70cm 左右的长枝,下面又形成 3 个短枝,短枝均成花,次年结果 6 个,平均单果重 152g,最大果重 200g,果面全红,色调暗红,色相片红。1985 年采穗嫁接,1986 年小面积定植,经 8 年试栽观察,该品种确是一个易成花、结果极早、丰产稳产、果大整齐、色泽鲜艳的优良晚熟品种。1996 年 5 月,礼泉县果农协会将其定名为礼富 1 号,经省作物品种委员会审定通过,建议作为优良品种在全省予以推广。

(2)果实经济性状

果个较大,平均单果重 225g,最大果重 550g,果形端正、均匀、高桩,呈扁圆或近圆形;果面光滑,果皮较薄,底色黄绿,阳面鲜红艳丽,片红无条纹,自然着色率可达 95%以上,大部分萼洼、梗洼均可着色;萼片闭合;果点白色,较小不明显；果肉黄白色，肉脆而密，汁液多，味甜，有香气。可溶性固形物含量 15%～17%。在一般库内，果实可贮藏到次年 4 月，果实不皱皮、不发绵，风味品质仍佳。

(3)生长结果习性

① 生长习性　树势强健，树姿直立。幼树结果前，生长势似长富 2 号，但结果后，树势明显减弱。树冠矮小紧凑，扩大较慢。5 年生树高 1.8m，冠径 2m，为普通红富士树冠的 1/3～1/2。枝条节间长 2.2～2.7cm，萌芽率 94.3%，1 年生枝除基部 2～3 个瘪芽外，其余饱满芽均可萌发并形成短枝；成枝率低，每枝在饱满芽短截后，可形成 2.39 个长枝。长放枝除顶芽抽一长枝外，其下侧芽均为短枝或短果枝。每个短枝上有 5～7 片叶，为成花奠定了基础条件。

② 结果习性　该品种早果性强，1 年生强枝轻剪长放后，侧芽形成短枝花芽，次年即可结果。6 年生以上大树短果枝结果占 95%以上，结果成串。在有授粉树条件下，以蕾或以花定果（即留单蕾或单花）时，坐果率可达 93%。每序留双蕾或双花时，坐果率可达 81.8%。枝果比 4～5：1 时，果枝连续结果能力强，不会出现大小年结果现象。1996 年春，汪景彦从河南省陕县引进 1 000 株礼富 1 号，同王以胜在江苏省丰县华山镇苇子坑村（原套楼乡）协助建立“农业部苹果优新品种示范园”，选用 18 个优新品种在该园种植，礼富 1 号是其中之一。礼富 1 号 1998 年开始结果，连续丰产 22 年。其中，董良芬家的礼富 1 号每年优质果产量都在 7.5 万 kg/hm^2 以上，全园套双层纸袋，杜绝 85mm 以下的果，单果重 250g 以上，全红果率在 90%，没有小年。2003 年每 667m^2 产量高达 15 000kg，收益在 10 万元以上，创造了单产效益新高（图 4-1、图 4-2）。

图 4-1　礼富 1 号丰产状

该品种用 M26 做中间砧，栽后 16 年生，树高仅有 1.9m，人可以站在地上修剪，管理十分省工，得到果农的好评。

图4-2　礼富1号摘袋前

(4)物候期

在陕西省礼泉县气候条件下,礼富1号3月下旬萌芽,4月中旬开花,8月上旬果实着色,10月下旬果实成熟。

2. 烟富8号(神富1号)

(1)品种来源

该品种是烟台现代果业科学研究院从烟富3号苹果芽变中选育的苹果新品种。初期称为“神富1号”,2010年,在国家工商行政管理总局(现国家知识产权局)进行了商标注册。2012年10月26日,烟台市科技局组织有关专家对烟台现代果业科学研究院完成的“苹果新品种神富一号的选育”课题进行了鉴定,并将该品种命名为“烟富8”。2013年11月,烟富8号通过山东省农作物品种审定委员会审定,获得审定证书,审定标号为鲁农审2013-053号。2017年12月烟富8号获得登记证书,登记编号为GPD苹果(2017)370002。2018年4月23日,获得国家农业农村部植物新品种权证书,品种权号为CNA20151515.5。

(2)果实经济性状

果实长圆形,果形指数平均0.91,高桩端正,果个大,平均单果重315g;果面光滑,果点稀小;着色全面浓红,色相为片红,艳丽;果肉淡黄色,肉质致密,细脆,平均硬度 9.2kg/cm^2；汁液丰富，可溶性固形物含量 14%～16%，10 月下旬果实成熟（图 4-3）。

图 4-3　烟富 8 号果实

（3）生长结果习性

幼树长势较旺，萌芽率高，成枝力较强，成龄树树势中庸，1 年枝中短截后，分生 4～6 个侧枝。盛果期树枝类组成：长枝占 3.2%，中枝占 30.5%，短枝占 29.8%，叶丛枝占 36.5%，以短果枝结果为主。有腋花芽结果习性，易成花结果。果个大，丰产性好（图 4-4）。

图 4-4　烟富 8 号丰产状

（4）物候期

在烟台市牟平地区，3 月底 4 月初萌芽，初花期为 4 月 27 日至 5 月 18 日，盛花期为 5 月 2～7 日，花期 7～9 天。春梢迅速生长期为 4 月下旬至 6 月上旬，春梢缓慢生长期为 6 月下旬，秋梢生长高峰期为 7 月上旬至 8 月下旬。10 月下旬果实成熟,果实生育期170～180天,落叶期为11月中旬。

(5)套袋栽培

摘袋后上色快,4～5天果实全红,树冠内膛果,甚至果实萼洼处也能着红色。而且不用反光膜,减少环境污染。果实能较长时间保持鲜艳色泽,果面光滑,果点稀小,品质优良,是一个极具发展潜力的优良品种。

3. 神富6号(懒富)

(1)品种来源

该品种为短枝型新品种,是烟台现代果业发展有限公司2003年在海阳市朱吴镇台子村果农姜会涛的长富2号果园中发现的短枝型芽变品种。"懒富"是神富6号的注册商标。2017年12月20日获得登记证书,登记编号为GPD苹果(2017)370003;2018年4月23日获得植物新品种权证书,品种权号为CAN20162491.0。

(2)果实经济性状

果实近圆形或长圆形,纵径6.45～8.12cm,横径7.95～8.55cm,果形指数平均0.90,果实整齐度高。萼洼较浅,梗洼深;果个大,平均单果重255.5g,最大单果重315.5g;着色速度快,脱袋7～8天,果实全面着色,色相为条红,艳丽;果面光洁,果点稀小,优质果率高达90%以上;果肉淡黄色,肉质致密,细脆,平均硬度9.3kg/cm^2;汁液丰富,可溶性固形物含量平均为15.8%,口感极佳;10月中下旬果实成熟(图4-5)。

图4-5　神富6号果实

(3)生长结果习性

该品种具有成花容易,早果性强、丰产稳产和连续结果能力强等特点

（图 4-6）。幼树长势较旺，萌芽率高、成枝力较强，成龄树树势中庸，1 年生枝中短截后，分生 2～3 个侧枝。盛果期枝类组成：长枝占 28.0%，中枝占 10.0%，短枝占 57.9%，叶从枝占 29.3%，萌芽率 87.5%，果枝比率 85.5%。以短果枝结果为主，并具有腋花芽结果习性。果个大，丰产性好。乔砧树栽后 2～3 年结果，矮砧树栽后 2 年开始结果，4 年后进入盛果期。试栽园，栽后 6 年，平均株产 61.5kg，每 $667m^2$ 产量为 6 000kg。对授粉品种无严格选择性，异花授粉坐果率高，花序坐果率可达 95%以上。果台枝连续结果能力较强，连续结果 2 年以上的占 55.7%。在肥水条件充足的情况下，大小年现象不明显。

图 4-6　神富 6 号丰产状

（4）物候期

在山东乳山地区，萌芽期为 3 月底至 4 月初，初花期为 4 月 22～27 日，盛花期为 4 月 27 日至 5 月 3 日，花期 7～9 天。春梢迅速生长期为 4 月下旬至 6 月中旬，秋梢生长高峰期为 7 月中旬至 8 月上旬。10 月中下旬果实成熟，果实生育期 170～175 天。落叶期为 11 月中旬。

4. 神富 2 号（双馨）

（1）品种来源

该品种是烟台现代果业发展有限公司 2008 年在蓬莱市大辛店镇响水湾村烟富 3 果园中发现的芽变品种。注册商标为神富 2 号。2017 年 12 月 20 日，获得登记证书,编号为GPD苹果(2017)370005;2020年7月27日,获得植物新品种权证书,品种权号为CAN20173453.3。

(2)果实经济性状

果实近圆形或长圆形,纵径6.56~8.45cm,横经7.83~8.43cm,果形指数平均0.87,果粉多,梗锈轻,果个均匀,果个大,平均单果重310g;着色速度快,脱袋5~6天,果实全面着色,色泽艳丽,色相为片红;果面光洁,果点稀小,优质果率达90%以上;果肉淡黄色,致密细脆,平均硬度8.7kg/cm²;果味香甜,可溶性固形物含量平均14.1%。10月中下旬果实成熟(图4-7)。

图4-7 神富2号果实

(3)生长结果习性

该品种具有成花容易、坐果率高、丰产稳产及连续结果能力强等特点(图4-8)。幼树长势较旺,萌芽率高,成枝力较强,成龄树树势中庸,1年生枝中短截后,分生2~4个侧枝,以短果枝结果为主,也有腋花芽结果习性。果个大,丰产性好。乔砧树栽后3~4年结果,矮砧树3年开始结果,4年后进入盛果期。试栽园栽后6年,经测定,平均株产58.5kg(折合50.6t/hm²)。对授粉品种无严格要求,异

图4-8 神富2号丰产状

花授粉坐果率高，花序坐果率可达 80%以上。果台枝连续结果能力较强，连续结果 2 年以上的占 55.7%。在肥水条件充足的情况下，大小年现象不明显。

神富 2 号果形高桩、端正，上色均匀且速度快，免套袋栽培，色泽浓红，着色全面，表光好，是一个优良的免套袋富士系品种。

(4)物候期

在烟台市蓬莱地区，萌芽期为 3 月底至 4 月初，初花期为 4 月 24～27 日，盛花期为 4 月 27 日至 5 月 3 日，花期 7～9 天。春梢迅速生长期为 4 月中旬至 6 月上旬，秋梢生长高峰期为 7 月上旬至 8 月上旬，10 月中下旬果实成熟，果实生育期 170～180 天。落叶期为 11 月中下旬。该品种开始着色与上满色时期与烟富 3 相当。

(二)生态要求

多年来，由于对苹果生态研究较少，尚未作出全国区划，要做到适地适栽，必须了解红富士苹果对生态条件的要求及其适应性。

1. 气温

红富士苹果树是一个比较喜温的品种，比国光、新红星等品种要求的温度要高些。在日本，红富士主要栽培在北纬 35°～44°的地区，日本提出红富士生长季要求温量指数(即 4～10 月各月平均气温减去 5℃后之和)以 85℃以上为好。如果栽在温量指数为 80℃的地区，果实不能正常成熟。我国山东胶东(烟台、青岛等地)，陕西白水、宝鸡，甘肃天水，辽宁大连等地温量指数均在90～100℃，可充分满足红富士苹果对热量的需要(表 4-1)。

表 4-1　我国红富士主产区温量指数

地区	平均气温/℃	4～10 月平均气温/℃	温量指数/℃
甘肃平凉	8.6	13.6	60
陕西洛川	9.2	16.3	79
四川盐源	12.8	16.7	82
甘肃天水	10.7	15.3	86

续表

地区	平均气温/℃	4～10月平均气温/℃	温量指数/℃
辽宁大连	10.2	17.8	90
陕西白水	11.4	18.7	96
山东烟台	12.4	19.6	102
新疆库尔勒	11.4	20.6	109
山西运城	13.6	21.3	114
河南洛阳	14.6	21.6	118

2. 光照

苹果树是喜光树种。光照时间、光照强度和光的质量等,可以严重影响果树光合作用等生理活动,因而光照对树体发育、果实质量和产量起决定性作用。苹果要求年日照时间达到2 600～2 800小时,采前着色期日照应在50%以上。红富士果实着色需要直射光,在加强着色管理的情况下,红富士果面全红、着色鲜艳是完全可以达到的。据山东烟台市果树科学研究所调查,红富士树冠外围相对光强在95.31%时,果实着色度在60%以上的占90.84%,可溶性固形物含量在17.06%;树冠中部相对光强降为69.08%,果实着色度在60%以上的只占39.94%,可溶性固形物含量降至14.6%;树冠内部相对光强降为17.54%,果实着色全在60%以下,其中着色40%以下的占89.45%,果实可溶性固形物含量只有12.31%。果实着色指数与树冠接受到的光强有显著正相关关系。

市场要求红富士全红果,所以必须让果园群体与个体都能获得充足的光照。要求果园群体覆盖率不能超过78.5%,盛果期冬剪后每667m^2留枝量一般保留8万条左右。树体透光度不少于30%。据有关资料,红富士果实获全日照70%以上者,全红;获全日照40%～70%者,部分红色;获全日照40%以下者,基本不着色。所以,要求栽植密度、株行距、整形修剪、枝量等,必须以树冠透光好为前提,保证枝枝见光、果果照光,达到优质、高产。

3. 温度

红富士苹果树对温度的要求可分为安全越冬温度、适宜坐果温度和促进着色温度。

(1)安全越冬温度

温度决定红富士苹果栽植上限。通过多年观察，安全越冬温度显示1月平均气温为−9℃，在辽宁省南部和西南部(绥中)地区，栽植比较安全。在中国农业科学院果树研究所砬子山试验基地，由于温度不够，红富士受冻，抽条十分严重，基本上不能够栽植红富士。河北省红富士苹果栽植范围应在北纬40°30′左右以南地区。北方红富士产区，有些年份，晚霜、低温影响红富士花期进程和正常坐果。

(2)适宜坐果温度

富士品种花、果属于易受霜冻的品种，一些偏北地区或特殊年份，晚霜或低温常严重影响开花。如1991年5月1日凌晨，宁夏全区出现几十年未遇的低温，最低气温降至−3～−6℃，持续时间5～7小时，远远超过花和花蕾的受冻临界温度。调查表明：各品种受冻率：元帅为92.3%，金冠为80.6%，红富士为87%左右。另据江苏省红富士协作组(1987年)报道，1980年4月14日，最低气温降至−2℃，红富士中心花受冻率高达71%，同期其他品种受冻率分别为：红玉5%，祝光14%，元帅11%，印度青93%。为了保护产量，要注意防止晚霜危害。

(3)促进着色温度

红富士苹果属于中等易着色品种。采前2～3周温度状况对红富士果实着色有决定性作用。一般10℃以上的昼夜温差，有利于果实着色。

4. 水分

苹果树正常生长离不开水分的适量供应。我国大部分红富士苹果产区平均年降水量在400～1 000mm，可基本满足水分供应。但降雨量分布不均，北方常有春旱，中部果区常有伏旱发生，雨量多分布在7～9月。所以，要采取防旱保墒措施，适时适量灌溉。

水分供应过多，易使植株旺长，秋梢贪青徒长，树冠郁蔽，光照恶化不利于果实正常生长和着色。相反，旱象严重，新梢短缩，叶小质差，光合能力低，在严重干旱时，果实失水皱缩，红色难以发育。

红富士苹果树适宜的土壤相对含水量应在60%～80%，在果实着色期，土壤相对含水量应控制在60%～65%为宜,沙地果园土壤相对含水量应保持在70%以内。

5. 土壤

苹果树对土壤条件要求较高,良好的土壤条件可以充分满足红富士对水、肥、气、热和微生物的要求,为丰产、优质、壮树奠定可靠基础。一般要求土层深厚(1m以上),排水良好,地下水位低(1m以下),土温适宜(7～25℃,最适为13～26℃),通气良好(氧浓度1%～15%),水分适宜、稳定(土壤水分为田间最大持水量的60%～80%),酸碱度为微酸性中性(pH5.4～8.2,最适为5.7～6.7),总盐量适宜(低于0.82%),有机质含量高(有机质含量在1%以上)、种类丰富,矿质元素数量丰富。红富士可适应的土壤种类较多,如山东省的砾质壤土、黄泥土,河北省的碳酸盐褐土、沙土、红黏土、沙壤土、轻质底黏草甸褐土、以及黄骅市高含盐量土壤,都能正常生长结果。此外,黄河故道地区的粉砂土、细沙盐碱土以及泡沙土,同样适于栽植红富士苹果树。

但是,在辽宁南部和山东半岛某些低洼的黏重土壤中活性锰含量过多,红富士苹果树易患粗皮病。患粗皮病的土壤中活性锰含量一般大于0.12mg/L。在我国北方一些石灰性土壤和盐碱土上,红富士容易发生缺铁失绿病。

在土壤条件差的地区,应加强改土施肥,如“放树窝子”、深翻施肥,实行生草、覆盖等措施。

6. 肥力

红富士苹果树单位面积产量高,含糖量多,对营养需求量也大。除需常量元素(氮、磷、钾、钙、镁)外,还需要施用含硼、铁、锌等10余种微量元素的肥料。

氮肥不足,引起树体衰弱,果小质差,产量不高;但氮肥过多,不仅影响果实着色和风味,而且会降低果实硬度和耐藏性。

根际磷的适量供应,可促进花芽分化,早开花、结果,提高果实品质;但缺磷时,叶片细长,呈暗绿色,花芽分化不良,果实着色差,根系发育受阻。

钾不足,会引起叶片焦边,果实变小,也降低树体的抗逆性;但钾过多,也会引起树体缺镁和钙的病症。在一定范围内,钾含量越高,果实着色越好,因此,适量增施钾肥可提高果实着色指数。

土壤有机质含量与果皮花青素含量间呈正相关关系。有机质含量越高，花青素也越多，果实着色越艳丽。

7. 抗病性

红富士苹果树易感轮纹病，尤以渤海湾、黄河故道地区，果实发病较重。据徐州市果园调查，一般年份，常规防治园适期采收的果实，病果率为 15%～20%，常温贮藏 1 个月后，病果率高达 20%～30%。重病年份生长期病果率可达 20%～30%，贮藏期病果率高达 50%。据安徽省萧县园艺站报道，在常规施药条件下，果实发病率为 10%～30%，严重年份或园片达 50%以上。据辽宁省瓦房店市果树局报道，随树龄增长，枝干轮纹病普遍发生，危害加重，树势弱，结果少，产量低，品质差，重病园大批死树。据安徽省砀山果树研究所调查(1987 年)，各品系患轮纹病程度不一，长富 6 号和岩富 10 号病果率较高，分别为 21.4%和 22.5%，秋富 1 号为 15.3%，长富 2 号为 13.9%，青富 13 病果率最低，为 13.3%。

一般红富士树较能抗早期落叶病，其抗病性强于国光、元帅等品种。长富 2 号早期落叶病的病情指数为 2.65%～4.37%，而金冠为 10.85%，国光为 11.24%，黄香蕉为 13.85%，元帅为 14.29%。

(三)栽植区划

各省、市、自治区根据当地气候因子分析和栽培实践，提出各自的发展区划，现分别介绍如下。

1. 辽宁省

辽南和辽西南部(绥中县城以南)1 月平均气温为－9℃，1 月平均气温高于－9℃的地区栽培红富士苹果比较安全，故将其作为红富士苹果栽培的北界。

2. 江苏省

为经济栽培适宜区，主要在黄河故道地区，即北纬 32°18′～34°55′、东经 116°26′～120°9′。最适宜栽培区在徐州、涟水及盐城的一部分，其中丰县、沛县红富士栽培效果最好。丰县年均温为13.8℃,温量指数为112.3℃,9月昼夜温差为10.1℃,10月昼夜温差为10.9℃,有利于果面着色。年降水量为782.3mm,有利于生产优质果。1993年在无锡全国红富士苹果鉴评中,沛县、丰县的红富士名列前茅。该省里下河、高平地区,高邮、兴化一线(包括扬州、盐城的一部分)是红富士苹果栽培的南限。长江以南地区,由于温度高,湿度大,病虫害严重,生产成本高,不宜作为经济栽培区来发展红富士苹果。

3. 山东省

山东省苹果生产面积在2018年为301 300万 hm^2,年产量9 781 255万t,其中红富士苹果占83.3%。除鲁西北部分土壤盐碱程度重的地区外,均可作为红富士苹果的适宜栽培地区来发展。

4. 北京市

红富士苹果树主要分布在北纬39°30′~40°55′、东经115°25′~117°30′。北京属温带大陆性干旱风气候,其生态条件:年均温为11.5~11.6℃,30℃及以上的积温为4 459℃左右,1月平均气温为-4.7~5.2℃;年日照为2 054小时,无霜期为189~193天;年均降水量为542mm。延庆区作为北京市红富士苹果树最适栽培区的北界,其他区红富士苹果结果良好。

5. 河北省

该省红富士苹果树适栽区的生态特点是:年均温8.7~13.5℃,1月平均气温为-2.1~-8℃,10℃及以上的积温为3 582~4 530℃,无霜期为168~ 209天,年降水量为510~600mm,承德东部以南地区均可栽培红富士苹果树,但在石家庄、保定以北地区栽培,红富士苹果幼树抽条严重,需要注意。

6. 河南省

该省生态特点是:年均温13~15℃,10℃及以上的活动积温为3 700~4 900℃,4~9月的气温为14~28℃,7月的气温为27~28℃,1月平均气温为-2~ 1.5℃,无霜期为200~230天,年日照时数为2 000~2 600小时;年均降水量805mm。因此,红富士苹果树在全省具有广泛的适应性。

7. 安徽省

黄河故道和黄泛区是红富士苹果树的适宜栽植区。黄泛区属暖温带半湿润气候，年均温为 14℃，1 月平均气温－0.9℃，9～10 月昼夜温差为 9.8～11.1℃，年有效积温为 4 597.2℃；4～10 月日照时数为 1 600h；年降水量为 773～854.6mm；地下水位为 1.5～2.5m。在发展中须注意涝害和轮纹病的防治，要加强品质管理。

8. 陕西省

红富士苹果树在渭北旱塬、陕西黄土高原部分地区以及秦岭北麓地区均能正常生长，并能实现早实、丰产、优质。红富士的经济栽培北界在白玉山、横山以南，西起吴旗的油城子，经过志丹县的桑园沟，东至清涧。在北纬 37°以北、榆林县以南地区，选择适宜的地形和小气候条件，也可以少量栽培，但要注意防冻。目前，将红富士树栽培区划为以下两个区。

(1)最适宜区

渭北黄土高原区，包括富县、洛川、黄陵、宜君、铜川，东起合阳、澄城、白水、蒲城，经富平、辉县、旬邑、淳北、礼泉、乾县、永寿、彬县、长武，至扶风、岐山、凤翔、千阳、陇县、宝鸡北部原区等 20 多个县(市)，以及秦岭山区的凤县等地。其生态条件是：年均温为 7～12℃，1 月气温为－1.6～－7.5℃；年日照时数为 2 300～2 500h，昼夜温差大，年降水量为 560～700mm；海拔为 800～1 200m；土层深厚。该区所产红富士苹果个大、色艳、质优，多次获省、部优质果称号。树体健壮，果实丰产，病虫害轻，栽培省工，经济效益好，但春旱、伏旱时有发生，应注意蓄水保墒、适当灌溉。部分地区和年份有晚霜、雹灾发生，应加以预防。

(2)适宜区

① 陕北长城沿线风沙区以南，黄龙山、崂山以北，陕北丘陵沟壑区，包括榆林地区南 6 县和延安地区北 8 县。该区生态条件是：年均温为 9～10℃，1 月平均气温为－5.6～7.8℃，年降水量为 410～500mm。海拔为 900～1 000m，主要土壤为黑垆土及黄绵土交错分布。该区由于雨水少，风沙大，蒸发量也大，应注意水土保持，建立防风固沙林，加强防旱保墒。

② 秦岭北麓关中平原区。该区西接甘肃，东邻河南，包括潼关、华阴、华县、渭南、临潼、长安、鄠邑区、周至、眉县、宝鸡市等平原及沿秦岭北麓地区。该区生

态条件是:年均温为12.8～14.1℃,1月平均气温为－1.0～1.7℃,年日照时数为1 800～2 300h,年降水量为600～730mm,海拔为600～1 000m。该区8～10月阴雨较多,光照不足,土质坚硬,病虫害较重,应注意土壤改良、病虫害防治和改善树冠通风透光条件。

9. 山西省

红富士苹果树栽培北限为忻定盆地。适宜区在北纬38°以南地区,即运城、临汾、晋城、长治、晋中、阳泉6个地(市)和太原、吕梁部分地区,最适宜区在运城、临汾和晋城3个地区。

10. 宁夏回族自治区

银川以南引黄灌区为红富士苹果适宜栽植区。其生态条件是:年均温为8.9℃,1月平均气温为－7.5℃,绝对最低气温为－24℃,年日照时数为2 900～3 000h,平均日较差13～14℃,无霜期为150～162天。近年气温回升,红富士苹果树已从银川以南灌区扩大到银川以北地区,即整个宁夏平原地区均为红富士苹果发展区,树体生长正常,可以安全越冬。

11. 甘肃省

已确定红富士苹果树最适宜生态指标值为:年均温为8～12℃,6～8月平均气温为18～24℃;年降水量为200～300mm,35℃及以上天数少于5天,1月平均温度为－8～－10℃,年蒸发量为1 000～2 000mm,夏季平均空气相对湿度为60%～70%,海拔为1 000～1 600m。据此划分以下两个区。

(1)最适宜区

包括庆阳地区的西峰、合水、正宁、宁县、镇原等地,天水市除张家川以外的全部地区,陇南地区的西部和北部的礼县,平凉地区的平凉市和泾川、崇信、灵台3县,兰州市的5个区。该地区的生态条件是:年均温为8.3～11℃,6～8月平均气温19～22℃,1月平均气温为－6.9～－2.4℃,年极端最低气温为－23.1～－16.6℃,夏季平均空气相对湿度为60%～70%,年降水量为474.4～663.8mm,海拔为1 028.8～1 577m,年均日照时数为2 032.1～2 607.6h。该区所产红富士苹果个大、色艳,糖度高、品质佳、成本低。在全国苹果评比中,名列榜首。但该区苹果病虫害较重,春旱、伏旱多有发生,雨季集中在7～9月,要加强防旱保墒和病虫害防治措施。

(2)适宜区

包括兰州市的永登、皋兰、榆中3县，白银市除景泰以外的全部，定西地区的陇西、临洮、定西、漳县，武威地区的武威市、古浪县，临夏州的永靖县，平凉地区的静宁、庄浪县，庆阳地区的华池县等。该地区的生态条件是:年均温为5.8～8.8℃，夏季(6～8月)平均气温为16.2～21.5℃，年降水量为279.1～636.1mm(武威、白银两市虽然年降水量分别为158.4mm和204.3mm，但有灌溉条件)，1月平均气温为－9.4～5.6℃，年极端最低气温为－29.6～－16.9℃，夏季平均空气相对湿度为53%～72%，海拔1 200～2 025.1m。该区红富士幼树有越冬抽条问题，生产成本较高，要选择海拔较低、气温较高地带发展红富士苹果树，同时，要采取抗旱栽培和越冬防寒措施。

(四)大苗建园技术

建园是一种基础性工作，建园质量直接关系到结果早晚、早期产量高低，所以近年苹果建园提倡高质量、用大苗建园。

1. 选用优质苗木

对品种要求纯正，不能有假苗。苗龄整齐一致，全为3年生苗木，根系发育好、完整，枝干粗壮、充实，芽眼饱满，苗木基部干径1～1.3cm，有6～9条完整的侧根，其长度40～50cm，苗干上第一侧枝距嫁接口不少于70cm。

2. 定植时间

通常将苗木放在冷库中，或温度较低的场所储藏，定植时间选花期较好。

3. 定植技术

(1)挖定植沟、穴

根据果园总体设计，确定行株距。在定植点挖定植沟、穴。株距3m以内，宜用机械挖定植沟，沟深60～80cm、宽60cm左右；株距3m以上，宜挖定植穴，穴深60～80cm，直径60cm左右。挖沟时注意将地表25cm的熟土与下层的生土分开堆放。沟、穴挖好后，回填时，先在坑底部填充秸秆、稻草等有机物料，不仅能增加土壤有机质含量,还能起到贮水的作用。每填一层腐熟的有机肥,就撒一层表土,填满后,用铁锹拌匀、整平,以备栽苗。

(2)苗木处理

① 苗木分级　将准备好的苗木,按苗木质量分级,首先看高度、粗壮程度,芽子饱满度;其次看苗木完整度,是否有破伤;然后看根系完整度、劈裂情况等,将苗木分成1、2、3级。

② 修根　将苗木主、侧根剪留20～25cm,伤口剪成齐茬,有利于吸收、发根。

③ 清水浸根　苗木整理后,将苗木根系浸入清水中12h以上,让苗吸足水分,有利于栽后成活。

④ 用生长激素　蘸根栽前用生根剂,或碧护蘸根3h以上。碧护浓度:1g药兑15kg水。

(3)栽植

① 拉线栽植　可确保纵横、斜成行,误差小于10cm。方法是:栽前,先在每行的两端,距定植点1m处,打1木桩,然后在两个木桩间拉紧1根白线绳,在定植点上挖坑(图4-9)。

图4-9　拉线栽植

② 栽树　待各行线拉好后,从每行第一个坑开始,每8～10行为一个单元,再拉一条横线,与各行竖线垂直交叉,在交叉点上,距线5cm左右栽树。

每行都安排两个人栽树,1人扶苗、1人填土,待垂直方向各点上栽好后,再将活动绳向前平移到下一个株距定植点上。

栽植时，每填一锹土，都将苗木上下提动一下，使根系与土壤密接。矮化砧苗的中间砧部分入土，肥水条件好的果园以入土 1/3 为宜，肥水条件差些的果园以入土 2/3 为宜。

在有 70～100 人栽植条件下，要有 1 个专人监督栽植整齐度和进度，这样栽树进度更快。

(五)红富士苹果矮密栽培技术

1. 矮密栽培的优点

(1)树体矮小、紧凑，便于田间管理

矮密树冠冠幅只有 1～2m，树高 3～4m，单位面积下所栽株数为乔砧 1～3 倍，实行宽行窄株栽植，便于机械化作业，工作效率高，管理方便，是未来的发展方向。

(2)早实丰产、收回投资快

栽后 2～3 年始果，由于每单位面积所栽株数多，容易高产稳产，效益好，深受果农欢迎。

(3)果品质量好

由于宽行栽植，通风透光，成花好，果大质佳，单位面积产量高，深受园主和市场欢迎。

(4)成本低、效益高

株体小，机械化操作，成本低，售价高，效益好，是未来追求的方向。

2. 发展现状与存在问题

(1)存在问题

① 我国苹果园多是种在不适于农作物的土地上，肥水供应不足。

② 严重缺乏适应不同区域的砧木类型。

③ 果农经济基础薄弱，无法满足矮密栽培对设施条件的需要。

④ 矮密栽培起步较晚，经验不足，推广起来尚有难度。

(2)发展现状

我国20世纪80年代后期才开始搞矮化砧M2、M4、M7、M9试验。2009年矮砧栽培面积才达到165.6hm^2，占全国苹果生产面积的8.01%。其中，陕西省矮砧园占本省14.79%，河南省矮砧园占本省12.6%，山东省矮砧园占本省8.1%。从地区上看，山东省黄岛区矮砧园占本市78.08%，陕西省宝鸡市矮砧园占本市69.99%，山东省青岛市矮砧园占本市34.02%。砧木类型以M26应用较多，占矮化砧82.81%，SH系占6.64%，GM256占4.89%。近年M9T337开始发展，适于较暖和地区栽培，在辽宁省兴城市中国农业科学院果树研究所院内，没有棚室保护的条件下，M9T337砧会被冻伤，难以在露地栽培。

3. 矮密栽培要点

(1)砖木选择

目前看，可用M9T337、M26、KM_3、SH、M9等。

(2)品种选择

烟富8号、烟富6号、礼泉短富、寒富等。

(3)苗木选择

苗高在1.2m以上，中间砧控制在20～25cm，品种高度在1m以上，根系15条以上，保证有6条好的侧根，其长度在20cm以上。

(4)苗木处理

用利剪剪齐受伤的根系，剪除劈裂的根，对苗木进行消毒(使用甲基硫菌灵或石硫合剂)。此后，将苗木成捆浸泡在水中1天，有条件的可放在生根粉溶液中或碧护溶液中(浓度1g+15kg水)浸泡3小时，有利于提高栽植成活率。栽前根系蘸泥保护，易于与土壤密接。

(5)栽植密度与深度

栽植密度要因砧-穗组合综合生长势、树形、管理水平、立地条件等因素而定。乔砧苹果苗行株距为4m×3m，每667m^2栽55株；矮化自根砧苹果苗行株距为3m×1.2m，每667m^2栽185株；矮化中间砧苹果苗行株距为3m×1.5m，每667m^2栽148株；双矮苹果苗行株距为3m×0.8m，每667m^2栽227株。栽植矮化中间砧苗部分时，矮化砧苗入土深度与水肥条件有关，肥水好的果园以入土

1/3 为宜,肥水条件差的果园以入土 2/3 为宜。栽完后,为防止树苗下沉,导致埋土过深,根系生长不良,应当即灌透水沉实。

(6)立架栽培

矮化自根砧和矮化中间砧栽后要设立支架,防止倒伏。一般顺行间每隔 10～15m 立一根 3～3.5m 高的水泥柱,分别在 0.6m、1.2m 和 1.8m 处,各拉一道铁丝,扶直苗木中干。幼树期要在每株树旁插一竹竿做立柱。结果后,再立水泥柱,将中央领导干延长头固定在竹竿或架上,使其直立向上伸展,保持中心干的绝对优势。

(7)起垄栽植

因土地状况而定。

① 涝洼地　顺水流方向起垄挖沟,垄高 60～80cm,垄底宽 1.5～1.8m,上垄面宽 1.2～1.5m,垄高 60～80cm。

② 平原地　起垄稍矮些,垄高 25～30cm,垄底宽 1.5m,上垄面宽 1.0～1.2m。

③ 山区丘陵地　在浇水条件差的地区,土层薄、质地差,不适合起垄,要把树盘修成外高里洼,便于接纳雨水。如果使用滴灌技术,可进行矮垄栽培,垄高 15～20cm,垄底宽 1.2m,上垄面宽 1m。

④ 盐碱平地　最好是起垄栽培,垄高 30～50cm,垄宽 1.5～2.0m。因盐往上走,苗木宜栽在垄底的沟内。随着土壤改良措施(行间生草、树盘覆草、增施有机肥等)的应用,盐碱程度逐渐降低,随树龄增长,根系逐渐强大,树的适应能力和抗性都会有所提高。逐渐把垄背变垄底,垄底变垄背。

对于矮化中间砧和矮化自根砧苗,需要多次埋砧木,开沟栽效果最好。矮化段高的也可平地开沟栽植。以后随施肥,分次埋土,直至砧段露出地面 5～10cm,最后形成起垄栽培模式。

(8)合理配置授粉树

红富士苹果树自花结实率很低,多在 1%～5%,难以满足丰产需要,异花授粉结实率高达 50%以上,可以达到丰产、高产需要。对授粉树的要求如下。

① 树冠大小一致:乔化配乔化、矮化配矮化、双矮配双矮;

② 与主栽品种共同进入结果期,花期和经济寿命相近;

③ 花粉量大,花粉发芽率高,且能与主栽品种相互授粉;

④ 授粉品种可选用维纳斯黄金、金冠、新红星、嘎啦、华硕、鲁丽、红露等;

⑤ 配置比例:主栽品种∶授粉品种为(8～10)∶1,最好将授粉树栽在行内。因为昆虫传粉通常顺行飞行。山地果园应等高排列授粉树。

(9)高标准栽植

详见大苗建园技术。

(10)整形修剪

① 定干高度　应控制在90～100cm,及时抹除主干上近地面90cm以内的萌芽,确保上部有用侧生枝的生长。

② 树形　尽可能采用主干形(细长纺锤形、松塔形、高纺锤形等)。

③ 控制好竞争枝　一般在定干剪口下,萌发2～3个竞争枝,对这些枝要及时通过摘心、扭梢或疏除等方式进行控制。

④ 其他侧生枝

a. 拉好其他侧生枝,开张角度达90°～110°。越往上,侧生枝开张角度越大。

b. 控制大分枝。当侧生分枝基部直径超过2cm、长度超过90cm时,进行回缩和疏除。每年去除1～2个过大分枝,确保树冠枝多而不密,通风透光,果实质量高。

c. 控制总枝量,每667m^{2}留枝6万～8万条,枝果比(5～6)∶1,确保连年稳产优质。

(11)花果管理

矮化苹果树成花容易,每年花量较大,需要疏蕾、疏花、疏果,才能保证稳产、优质、壮树。

① 人工疏除　花序伸出期,按20～25cm留1个花序。开花期,留1个中心花和1个边花,以防不利天气;花后10天定果,按25cm左右距离留单果,尽可能留大果、高桩果、下垂果、均匀果、健康果。以保证生产精品果90%以上。

② 化学疏除　人工疏除太费劳力,大致每667m^{2}疏花用工12～13个,1人用工1天劳务费200元左右,每667m^{2}疏花需要2 400～2 600元,许多专业户难以承担。为此,生产上开始试用化学疏除法。据刘维洲等报道(2022),试验表明

采用化学疏花疏果风险并不高，当80%中心花开放后，间隔2天，向树上喷45%石硫合剂50～100倍液或99%硫代硫酸钠30～100倍液疏花。一般在落花后半月左右，当中心果直径为0.8～1.2cm时，喷施1次苹果疏果剂200倍液。富士类品种叶片向下滴药液为宜，每平方千米用药75kg，在5月底至6月初套袋前进行人工定果。也可在幼果期叶面喷10～15mg/L萘乙酸钠溶液，3天后喷1次75～150g/L 6-苄氨基嘌呤，再隔3天喷1次165～330mg/L苯嗪草酮溶液，8天后喷1次120～480mg/L乙烯利溶液疏果，不再进行人工定果。采用上述方法，全树疏除均匀，无过度疏除现象，减少了人工疏除成本，提高了工作效率。如果用上述方法，建议先做试验，成功后再推广。

③ 控制负载量　可用干周法留够果数，根据树体大小、强壮程度，留下适宜果数，一般每667m^{2}结10 000～12 000个果，高者可达每667m^{2}产量3 500～4 000kg。

④ 套袋保护　选优质双层纸袋。套袋前，打湿袋口。用时，先撑鼓纸袋，让果实处于袋的中央，以减少日灼伤。套袋程序：先内膛后外围，先树上后树下，轻快操作。花后35天开始套袋，套前先打好杀虫剂、杀菌剂，选择上午9～12时或下午3～7时进行套袋。10月上旬后先摘外袋，过5～7天再去内袋，应避免早晨和傍晚摘袋。摘袋前15天，要摘除果实周围5cm的叶片，摘袋后5天还要摘除果实周围的小叶、黄叶、老叶，以利果实全面着色。

⑤ 花期防冻　花期喷施M-JFN（美国原粉）1 200倍液，可防－2～－4℃低温，确保花期安全坐果。M-JEN其防冻原理是内含防冻剂、延缓剂，提高光合产物和细胞液浓度，降低冰点，使花和幼果在－3～－4℃时，免遭霜冻灾害。北京丰民同和国际农业发展有限公司已推出M-JEN 10余年，山西省运城地区在红富士苹果上应用效果较好。

(12)土、肥、水管理

① 改土　通过施基肥（如生物有机肥、腐熟农家肥）、行间生草、树盘覆草等，逐年增加土壤有机质含量，如河南三门峡二仙坡绿色山庄，200hm^{2}苹果园，每年9月株施龙飞大三元有机无机生物肥5 kg，每667m^{2}施1.1t，树势健壮，每667m^{2}产量4 000～5 000kg，优质果率达90%以上。

② 增施肥料　春天，萌芽后至开花前，树干涂喷蒙力28肥(加1倍水)，开花后，温度高于28℃，改为地下根注(加200倍水)。据隋强报道(2023)，根部追肥可分4～6次施用：3月中旬到4月初，建议施用硝酸铵钙，每667m^{2}用量30kg左右；第二次果实套袋前后，施用17-10-18苹果配方肥，每667m^{2}用量25～50kg；6月初以后，追肥2～4次，前期以氮钾肥为主，每667m^{2}建议用16-6-20配方肥25～50kg，后期以钾肥为主，配合少量氮肥，以增大果个。关于基肥种类和数量要依土壤肥力和产量水平而定，每667m^{2}产量2 000kg以下的果园，施氮肥5～7.5kg，磷肥3～3.5kg，钾肥5.5～8kg；每667m^{2}产量4 000kg以上的果园，施氮肥10～17.5kg，磷肥4.5～10kg，钾肥11～18.5kg，以保证优壮树和果品优质。

此外，7～9月，喷施叶面肥2～3次，叶面肥主要成分为钙、镁、硼、铁、锌等微量元素，以增加果实糖分含量和色泽。

(13)病虫害防治

① 过冬准备工作　冬前做好清园和增施有机肥的工作。

② 树干绑草把　9～10月，绑草把诱杀山楂叶螨、卷叶蛾、潜叶蛾等害虫。

③ 挂杀虫灯　在生长季挂杀虫灯(如频振式太阳能杀虫灯、物联网杀虫灯)，可清除害虫、降低害虫产卵量。

④ 重视生物防治　释放昆虫天敌，如释放赤眼蜂杀灭苹果卷叶蛾、梨小食心虫等害虫。

⑤ 科学使用农药　要选择低毒无残留、生物农药(如病原微生物杀虫剂、农抗类杀虫剂、植物源杀虫剂、昆虫生长调节剂等)。不使用剧毒、禁用农药，以减少农药残留，提升苹果安全质量。

⑥ 主要病虫害的防治　可参照本书第五部分。

(六)土壤管理推行生草覆盖技术

生草栽培已成为现代化果园一大特征。大量试验证明，生草覆盖有很多优点，必将为越来越多的果农所接受。

1. 生草方式

分自然生草和人工种草。自然生草即果园地面上原有的杂草，这是一种可贵的资源。如烟台现代果业科学研究所不对果园行间中耕除草，只是及时拔除豚草、藜、苋菜、苘麻、葎草、田旋花等恶性杂草，而保留马唐、狗尾草、稗草、蒲公英、马齿苋等野生杂草。

人工种草，根据果园实际情况，有不同的选择。如烟台现代果业科学研究所种草选择鼠茅草、黑麦草、三叶草、紫花苜蓿、早熟禾等。戴兴隆等在甘肃省庆阳市进行种草试验时，选择黑麦草、早熟禾、高羊茅、鼠茅草、三叶草、紫花苜蓿等。

2. 生草管理

自然生草要及时拔除不适宜的恶性杂草，人工种草也要去除杂草，保持草种全、齐、壮。不管哪种生草，当草生长到 35～40cm 时，用人工或机械刈割，留茬高度 5～8cm，刈割下的草可留在原地，最好覆盖树盘上。在生草初期，为了解决草树争肥的矛盾，应在草层上追施一些氮肥（15～30g/m^2）。根据草层生长情况，一年刈割 2～6 次。

3. 生草效果

生草后，1～2 年内，效果不一定显现，3～4 年后，才逐渐显示出来。生草效果是多方面的，对树体生长、果品质量、土壤状况、小气候、水土保持、害虫天敌等都有不同程度的影响。

（1）对土壤的影响

① 有机质含量逐年增加。甘肃庆阳地区苹果园（乔化和矮化砧）试验结果表明（2023），在条件相同情况下，生草和清耕结合增施有机肥，其土壤有机质含量：第一年都为 0.4％；第二年分别为 0.7％和 0.5％；第三年分别为 0.9％和 0.7％；第四年分别为 1.15％和 0.75％；第五年分别为 1.25％和 0.75％；第六年分别为 1.4％和 0.8％。生草园有机质含量逐年提高，明显高于清耕园。

② 地温试验表明，生草后地温降低。测定生草区地表，地表下 5cm 和 10cm 温度，5 月、6 月、8 月平均温度分别为 21.6℃、26.7℃和 27.3℃，而清耕区则分别为 25.3℃、29.3℃和 30.3℃。降温有利于根系正常生长。

③ 物理性状改善。上述试验表明，生草第五年，其土壤自然含水量为 24.7％，比清耕多 16.1％，总孔隙比清耕多 9.22％，毛管孔隙比清耕多

16.10%。另据李祥根报道(2022),生草园中土壤容重为0.94g/cm^3,清耕园则为1.25g/cm^3。土壤孔隙度分别为64.52%和52.83%。

(2)对病害的影响

生草园实现了树、草、虫、微生物和谐共生,果树机体健壮,抗病力增强。据戴兴隆等试验,生草覆盖园苹果腐烂病疤下降40.51%~70.24%,轮纹烂果病发病率下降20.12%~30.15%,小叶病发病率下降41.5%,苦痘病发病率下降35.5%。此外,生草有利于害虫天敌的繁殖,减少农药用量,有助于生物防治,降低生产成本,生产出绿色有机果品。

(3)保持水土

生草后,地面有草层覆盖,减少了雨水冲刷和地面径流,有效地防止水土流失。据测试,1次降水量35mm,生草果园吸水力极强,无水分流失现象;而清耕园水分流失率达23%。

(4)对产量、品质的影响

① 对株产量的影响　在陕西省铜川市耀州区水峪村半旱塬地,用长富2号和富士2001等品种进行了为期3年的生草覆盖试验,其中长富2号2018年至2020年在生草果园中平均株产62.5kg,同期清耕园中平均株产60.4kg。

② 对产量的影响　甘肃省庆阳市的红富士果园生草试验结果表明,两处生草处理产量均显著高于清耕园(表4-2)。

表4-2　生草对红富士苹果产量的影响(戴兴隆等,2023)

果园位置	处理方式	果实产量		
		果数	果单重/g	产量/667m^2/kg
西峰	处理	86.5	252.0	3 031.5
彭原	清耕	78.4	213.0	2 546.0
西峰	处理	443.0	271.0	3 601.6
董志	清耕	396.0	222.0	2 860.0

③ 对果实品质的影响　生草处理不但能增加产量,而且能提高品质。在陕西省铜川市水峪村红富士(长富2号、富士2001)果园的生草覆盖试验结果表明(表4-3),苹果的各项指标均优于对照清耕园。

表 4-3　生草对长富 2 号果实品质的影响

处理	年份	单果重/g	果形指数	全红果率/%	可溶性固形物含量/g	果实硬度/kg/cm²
自然生草	2018	223.2	0.75	71.4	14.3	6.8
	2019	246.5	0.78	74.5	15.2	6.7
	2020	265.6	0.83	78.7	16.6	7.3
	平均	245.1	0.79	74.9	15.4	7.0
对照（全园清耕）	2018	218.4	0.71	69.8	13.5	6.7
	2019	226.7	0.79	72.3	14.7	6.4
	2020	241.3	0.83	76.2	15.4	6.3
	平均	228.8	0.78	72.8	14.5	6.5

试验结果表明，与对照相比，生草试验中的两个试点的苹果含糖量分别提高 1.7%和 1.2%，商品率分别提高 7%和 15%。在陕西省永寿县试验，4 户果农清耕条件下，平均单果重 176.2g，种草覆盖后，平均单果重 209.2g，平均单果增重 33.0g。

综上所述，生草优点很多，应大力推广此项技术，让它在生产上发挥积极作用。

（七）生长调节剂的应用

1. 碧护

（1）简介

是由德国科学家托马斯团队经过 30 年的研究，按照植物化感原理，以植物种子为原料，通过物理方法加工生产出来的纯植物源产品，获得中国、欧盟、美国等有机认证证书。产品含有吲哚乙酸、赤霉酸、芸苔素内酯、脱落酸、细胞分裂素、12 种类黄酮和 18 种作物生长必需的氨基酸，是一种抗逆诱导剂。

应用于作物后，它能通过诱导协同作物的初生代谢与次生代谢酶促反应系统答应，产生更多超氧化物歧化酶（SOD）、过氧化氢酶（CAT）、过氧化物酶（POD）等植物体内重要的细胞保护酶；以及诱导非酶促反应系统产生抗坏血酸，维生素 E 等保护植物免受自由基伤害的物质，形成生化保护屏障，增强植物抵御被自由基所氧化的能力和耐逆境胁迫能力。同时在细胞层加快形成脯氨酸、甜菜生物碱和可溶性糖等多种渗透调节物质,从而增强细胞膜在高温、干旱、低温、涝害、盐碱和灾害性天气的抵抗能力。

(2)在苹果上碧护的使用方法

① 定植或移栽

碧护3 500~5 000倍液蘸根或淋根,促进根系发育,提高成活率。

② 丰产期应用

花露红:碧护22.5kg/km^2+安融乐1.5L/km^2+融乐朋150L/km^2+海藻多维素150kg/km^2,结合病虫害防治喷洒。

盛花期:碧护4.5~6kg/km^2+融乐朋75L/km^2,结合霉心病的防治用药或果形剂进行喷洒。

谢花后:碧护22.5kg/km^2+安融乐1.5L/km^2+海藻多维素150kg/km^2,结合花后喷药喷施。

幼果膨大期:碧护22.5kg/km^2+安融乐1.5L/km^2+海藻多维素150kg/km^2,结合喷药进行喷洒。

摘袋前或采收前30天:碧护22.5kg/km^2+安融乐15L/km^2+融优300kg/km^2,结合病虫害防治喷洒。

采收后:碧护22.5kg/km^2+安融乐15L/km^2+海藻多维素150kg/km^2,结合病虫害防治喷洒。

③ 弱树扶壮

根部:碧护37.5kg/km^2+安融乐15L/km^2+海藻多维素150kg/km^2,间隔15~20天,根施2~3次。

叶面:碧护22.5kg/km^2+安融乐15L/km^2+海藻多维素150kg/km^2+微量元素,喷布2~3次。

2. 高桩素、保美灵

(1)作用与效果

提高果形指数,增加高桩果率,能使元帅系苹果萼端五棱突起,增加坐果率。据作者1992年试验,新红星苹果花期喷保美灵,果形指数1以上的高桩果率达

32.0%～61.0%，对照仅为5%。据试验，高桩素、保美灵两种药剂对新红星果形指数和高桩果率均有明显影响，但两种药剂的效果差异不明显。保美灵、高桩素对红富士苹果果形指数和端正果率也有同样明显效果。

(2)使用方法

① 喷布时期　要求选择树体健壮、土肥水条件较好的果园，在花期至果实膨大期有良好的空气湿度和土壤湿度时施用。以苹果中心花开放、边花大蕾期到开始落瓣期之间喷布较好。如果效果不显，其后10天再喷1次。

② 喷布浓度　通常使用保美灵500～1 200倍液，高桩素500～800倍液，红富士系列品种用500倍液。

③ 喷布质量　药液呈雾状，主要喷于花托和花序周围的叶子上，药液喷施量以滴水为度。为使药液均匀分布，喷完后用手摇动大枝，使果面上多余药液滴下，有利于果形端正。

④ 喷药时间与条件　气温以25℃左右为宜，选湿度较高、无风或微风的天气进行，一般在每天8时以前、17时以后或夜间喷布，以利于药液吸收。若喷后24h内遇雨，应补喷1次。

⑤ 配药与药械　该药要单喷，不能与农药混用。配好药后，应24h内喷完。药液中最好加"吐温20"或"6501"等非离子中性保湿剂或展着剂，以提高药效。药械可用雾化好的弥雾机或机动喷雾器，忌用手持袖珍喷雾器，要求在花朵两边喷匀，喷完后须将多余药液抖掉，切忌重喷，否则，易生畸形果。

3. 1-甲基环丙烯(1-MCP)

(1)作用与效果

1-MCP处理，除了可以抑制一些生理失调的果实之外，还可以推迟果实软化、变黄、呼吸高峰的到来，以及可溶性固形物含量降低。此外1-MCP还能够抑制果实挥发性物质的产生。但1-MCP作用效果受品种和成熟度影响。消费者调查表明，1-MCP处理后果实的风味变化不显著，人们还是能够接受1-MCP处理的果实的。

(2)使用方法

① 使用浓度　苹果使用1-MCP处理的适宜浓度为0.5～1.0μL/L，处理浓

度不宜过高,否则会影响果实挥发性物质的产生。

② 处理时间　在室温下处理时,必须密封处理12h左右;在0℃下处理时,密封处理24h。

③ 防冻　用1-MCP处理后,储藏温度可以适当提高0.5~1.0℃,因为1-MCP处理后对低温的敏感性提高了,果实易发生冻害。

④ 防假　目前市场上1-MCP类型较多,质量参差不齐,要选择质量较好的1-MCP产品,不会影响处理效果。

⑤ 使用对象　该药剂适用于长期贮藏的苹果使用,短期或直接上市的苹果果实没必要使用。

(八)功能性红富士果品生产技术

随着消费者生活水平的不断提高,对苹果的要求不只是营养和美观,还赋予了第三种功能——保健调节功能,即通过高新技术,生产出富含天然保健物质的苹果。近20年来,该领域有了很大的发展,如河南省三门峡市二仙坡就发展了300多hm^2功能性苹果生产园,其他果区也有不同程度的发展。

1. 富SOD苹果

近10几年来,SOD水果、SOD果汁生产发展迅速,已成为一个生产亮点,深受市场青睐,SOD苹果为我国首创。

(1)定义

SOD中文名称是超氧化物歧化酶,是一种普遍存在于人体、动物、植物和微生物中的蛋白酶。

(2)保健功能

SOD被称为抗衰老因子、美容骄子。我国原卫生部(现国家卫健委)早已批准SOD为延缓衰老的功能物质,其生理作用如下。

① 抗氧化　人的生命过程中,会产生氧的自由基,过多时会对人体产生伤害。要消除它,就需借助体内抗氧酶和天然抗氧剂。体内抗氧酶包括SOD、CAT、POD、谷胱甘肽过氧化物酶(GPX);天然抗氧剂有胡萝卜素类、抗坏血酸

(VC)、VE 及酚类物质。二者均能消除氧自由基或抑制、终止自由基反应，防止其对人体器官、组织造成伤害。人到 35 岁左右以后，抗氧化力减退，需补充 SOD 酶。

② 预防慢性病　氧自由基是慢性病（糖尿病、心血管病、高血压、卒中）的祸首，健康之大敌。

③ 抗衰老　人的衰老是过量氧自由基引起的，它使细胞中蛋白质、DNA、细胞膜脂质分子的损伤增加，造成机能减退、脂褐素生成——形成老年斑，若氧自由基堆积在脑细胞中，则会导致记忆下降、老年痴呆症。

④ 抗炎作用　自由基能导致透明质酸（关节润滑液的主要成分）分泌减少，引起滑膜炎。

⑤ 消除化疗副作用　癌症病人化疗会导致机体抗氧化能力剧降，自由基会损伤细胞黏膜、器官和中枢神经。SOD 可减轻药物引起的呕吐、食欲差等副作用。

⑥ 治疗缺血性再灌注综合征　手术后，细胞功能代谢障碍及结构破坏，出现局部组织缺血的症状。缺血组织在一定条件下可以恢复供血，补 SOD 后，病情可以在一定程度上好转。

⑦ 美容作用　补充 SOD 后，雀斑减少，色斑减轻。

⑧ 抗疲劳　过多自由基，会让人疲劳、厌倦，注意力不集中，常昏沉，打哈欠，SOD 对提神和抗疲劳有显著效果。

(3) SOD 苹果生产原理

① 平衡树势　果实生长初期，施用 SOD 酶，可消除树体内产生的阻碍生长的氧自由基，保持树势平衡，促进果实正常发育。

② 调整果实发育　果实生长过程中，果肉细胞内含有活跃的新陈代谢活动，不断影响果实发育进程，补充一定量的 SOD 酶，会使果实内酶活单位提高 1～2倍，从而促进果实质量和重量的提高。

(4)SOD 酶使用效果

① 果个均匀　施用 SOD 酶后，果实大小差异不明显，提高商品果整齐度。

② 着色好　施用 SOD 酶后，果实着色率提高 25%～30%，果面光洁度高。

③ 肉质好 施用SOD酶后,果肉含糖量提高0.3%~0.4%,果肉硬度提高20%~30%,口感甜脆。

④ 抗病力提高 施用SOD酶后,苹果树腐烂病防治效果可达60%~70%,苹果霉心病防治效果可达7%~8%,蚜虫危害减轻,叶绿素含量提高,叶色浓绿、抗冻力增强,冻害减轻。

⑤ 增产 施用SOD酶后,苹果增产10%~15%。

(5)SOD酶施用方法

① 果园选择 选择生态条件好,生产绿色食品或有机食品的精品生态园,或树势健壮、病虫害轻、综合管理好的高效果园,要求果园有$2hm^2$以上的规模。

② 施用产品 主要有SOD酶(活性为680酶活力单位/g),和超氧化物歧化酶等。这些产品均广泛应用于果品生产。

③ 施用方法 一种是树干输液法,即用特制针头,先用细钻在树干中下部同一水平上打孔,孔要均匀分布3~4个方向,深度1~1.5cm,拔出钻头,插进针头(4个沟槽中有出水微孔),挂好滴管和滴瓶,一天可滴入500mLSOD酶液。另一种方法是用喷雾器单喷于枝叶上,通过叶片和果实吸收。

④ 施用浓度和次数输液法 输液法使用浓度为1 000倍液,喷布法使用浓度为2 000~2 500倍液。输液法在花前和花后各1次,喷布法在花后15~20天、套袋前、摘袋前30天各喷1次。有条件的尽量使用动物源SOD酶,采用输液法施入,效果好、成本低、易推广。

⑤ 注意事项 喷布时最好是单施,也可与化学药剂混用,也可与化肥混用,但不能与杀菌剂混用。施用时间最好在16时后,以利于SOD酶的吸收。喷布时要混匀,均匀喷于果、叶和枝干上。尽量避免在中午强光时段喷布,否则,不利于SOD酶的吸收。使用时,至少提前2h用温水溶解,利于喷施。喷后6h内遇雨需重喷。

(6)SOD苹果地方标准

由于SOD酶应用于苹果时间不长,目前尚无国家标准问世,笔者曾协助河南省灵宝市于2007年制定《优质SOD红富士苹果标准》,该标准是在国家无公害苹果生产标准的基础上制定的地方标准。

① 感官要求　要求果形基本端正、高桩，果形指数在 0.85 以上，果实成熟，果柄鲜绿。果实硬度在 7.5～8.0kg/cm^2。果面洁净、鲜艳，集中着色面积要求在 85%以上，具有本品种的特性和特征，包括剪去果柄，使果柄高度低于果肩，以减少果肉刺伤。

要求无病虫害、无药害、无日灼、无碰压、无刺伤、无裂果、无落地果、无未成熟果、无雹伤、串级数 5%及以下。

无明显枝叶磨痕（允许有轻微薄层，面积不超过 1cm^2），无果锈（允许梗洼处果锈不超过果肩）。

果实风味具有本品种特有风味，无异常气味。

② SOD 酶活性　SOD 酶活性的指标要求：每克苹果果实中 SOD 酶含量不少于 20 个酶活力单位。

③ 卫生标准　采摘时戴洁净手套，果篓及包装物要清洁卫生、无异味，采后果实要及时入库储藏。

(7)经济效益及市场前景

各地施用 SOD 酶实例较多，仅举如下几例。

① 河南省灵宝市上埝园艺场，1992 年建园，总面积 10hm^2，投资 200 万元，1997 年前，年产苹果 2 万 kg，产值 2 万元，后来采用 SOD 等先进技术，2002 年生产优质果 30t，产值达 80 万元。其中，生产 SOD 功能苹果 5 万 kg，产值达 50 万元。2003 年生产优质果 30t，产值 220 万元，其中 SOD 精品果 10t，产值 120 万元，轰动省内外。

② 陕西省三原县马额镇康家村七组郭战虎红富士优质高效苹果园，1993 年建园，果园面积 11 200m^2，株行距初为 3m×2.5m，全园 170 株，后经逐年间伐，现有 120 株，树形由自由纺锤形改为小冠开心形，果园管理精细，树体健壮。多年来，每 667m^2 产量稳定在 5 000kg 左右，年总收入浮动于 1.5 万～1.7 万元。为了进一步提高经济效益，在笔者建议下，从 2007 年开始完全采用高新技术和最优化管理，其中喷布 5 次 SOD 和硒肥，严格控制花果留量，每 667m^2 产量由过去 5 000kg 降至 4 000kg，全园套袋由过去 38 000 个降至 23 000 个，平均果重由过去 250g 提高到 350g。全园优质果率由过去 80%提高到 95%。我们调查 1 株

树结295个苹果，只有18个果重200g以下。果品采用精品包装，每盒装6个苹果，售价100元。全园果品总收入16万元，每667m²产值8.9万元。每667m²投入5 016元，投入产出比为16.7：1，利润率达1 670%。这是我国优质高效苹果生产典型。

③ 辽宁省兴城市三道沟乡果农李希林所在的三里村，是个贫穷落后的山村。2006年，笔者向他传授SOD技术，他认真落实，在小面积试点取得成功。随后，葫芦岛市老科协购买SOD酶、高桩素、小林袋、硒肥等支持李希林去扩大生产。李希林找了几家果农，落实地块面积超过33 350m²。秋天果实采收，经检测，SOD果中SOD酶指标达到20～25个活力单位。后在全市各县局、重点乡镇领导300余人大会上作了SOD的宣传。李希林将SOD果装在精品包装盒内，每盒装15个苹果，按果个由大至小分别卖218元、168元、128元、98元，灵活销售。经过几年，三道沟的SOD果在全市打响，每年春节前都销售一空。希林苹果专业合作社被评为全省先进合作社，并获得重奖。合作社帮社员生产SOD果，春季就订合同，每千克苹果10元，果农十分满意。李希林同志带领全村147户果农脱贫致富，在政治上不断进步，获得省劳模、市政协委员、村党支部书记、葫芦岛最美的人等荣誉。

2. 富硒红富士苹果

(1)硒与人体的关系

硒是人体必需的微量元素，青少年、成年人需硒元素50～200μg/d，注意最高供给量为400μg/d。硒过量则会造成硒中毒，出现脱发、指甲不正常、疲乏等症状。食用硒苹果后，可提高体内硒的营养水平，对人体起积极的作用。

① 预防克山病　补硒可渐愈。

② 预防癌症　缺硒地区，癌症死亡率高1/3左右，原理是硒可抑制癌细胞生长和扩散，对癌症的发生具有一定程度的预防作用。

③ 保护烟、酒嗜者　烟者血清中硒含量很低，硒是抗氧化剂，是VC的500倍，可解酒保肝。

④ 保肝　硒可以帮助肝脏分解毒素，预防肝病。

⑤ 防治心血管病　补硒有利于增强心脏功能，降低胆固醇、血液黏稠度，预

防血栓形成。预防心脏病、冠心病、心肌梗死。

⑥ 控制糖尿病

⑦ 健肠胃　硒可清理肠胃中的过氧化物、自由基，防止胃炎、胃溃疡等。

(2)硒与果树的关系

硒元素不是果树必需的营养元素，而是果树的有益元素。该元素可以刺激果树生长，增强果实抗氧化能力，提高果实硬度，增加其抗病性、耐贮性。

(3)补硒

含硒高的食物主要有：鱼、贝类、动物内脏、奶制品、大蒜、洋葱、蘑菇、胡萝卜、苹果、香蕉等。喷氨基酸硒、亚硒酸钠，可使果实含硒量达到 0.995μg/g，每个果(200g 重)含硒量达 0.199μg。

随着人们对硒元素的重视，陆续出现了富硒茶、富硒大米、富硒蔬菜等。1994 年，陕西省礼泉县首先将硒用于苹果生产，培育出富硒苹果，在全国苹果评优中获得金奖。现在市场上有许多硒肥，其中就有富硒牌高效有机液体肥。

近年来，北京、河南三门峡、辽宁葫芦岛、山东威海和烟台、陕西三原等地的苹果精品果园都喷施硒肥，生产富硒苹果。据辽宁省果树研究所试验报告(2002)，以 7 年生福岛短枝富士为试材、供试硒肥为富硒牌高效有机液体肥，设 4 个处理组，分别喷 250 倍液、500 倍液、750 倍液和清水(对照)，在苹果套袋前和摘袋后进行喷布。研究结果表明，苹果中硒含量以 500 倍液处理组最高，为 0.038mg/kg，250 倍液处理组第二，为 0.017mg/kg，对照和 750 倍液处理组分别为 0.005 9mg/kg 和 0.005 7mg/kg。因此，对苹果喷施硒肥时，以喷 500 倍液效果最佳。硒肥对苹果质量的影响见表 4-4。

表 4-4　富硒牌高效有机液体肥对苹果质量的影响

处理	总糖/%	总酸/%	维生素 C mg/100g	花青苷/总吸收度/100cm^2	硬度 /kg/cm^2	可溶性固形物/%
250 倍液	9.579	0.271	2.279	92.782	10.13	12.92
500 倍液	10.168	0.331	4.415	58.185	8.87	11.58
750 倍液	10.563	0.331	5.698	89.637	8.98	13.17
对照	9.802	0.301	3.484	44.032	8.56	11.30

(九)红富士苹果树控冠改形

苹果树定植后,经过几十年的生长发育,树的枝量不断增加,冠体不断扩大,开始定植的树形,不一定合适,原来规定的栽植距离不够用,个体、群体密不通风,严重影响产量和质量。所以,有必要对这类果园进行改造,即控冠改形。

1. 控冠

树冠过大、过密,已是普遍现象,要解决这些问题,应从以下几个方面入手。

(1)拉开枝间距离

大骨干枝,辅养枝间距离应在80～100cm,大枝组间距在60cm以上,中枝组在40cm以上,小枝组间距在20cm以上,这样可保证枝间通风透光、果果见光,每日至少有3h的直射光,果实着色才能艳丽。

(2)用拉枝角度控制生长势

春季萌芽后,拉枝要及时到位,上部侧生枝要拉到90°～130°,中部90°左右,下部70°～80°。强枝要推开角度(>90°)。

(3)控制大枝的原则

去长留短、去粗留细、去低留高、去密留稀,逐年有计划进行,不能一年一次完成。

(4)枝组类型

尽可能培养单轴细长、斜生下垂、松散、健壮枝组,不疏除或回缩枝组。

(5)枝组过密

平均每米骨干枝留8～10个枝组,以大、中结果枝组为主。

(6)培养主枝预备枝

有些主枝伸展过长、过大,为了缩小冠幅,在6月上旬,对粗大主枝基部进行环剥。促进剥口后发生几枝徒长枝,作为将来的预备枝。留下一个长势好、部位合适的枝,培养2～3年后,便可取代母枝,成为长度、粗度合适的小主枝,可显著缩小冠幅。

(7)修剪方法

冠大、枝多的苹果树，修剪起来十分费力，应尽量省工、简化。主要剪法如下。

① 尽量不短截，除需延伸外，一般新梢或 1 年生枝长放不动，有利于缓和树势。我们在 5 年生红富士树也采用此法，省时省力，省工简化，剪 1 株 8 年生红富士用时 8.1min，剪 1 株 5 年生红富士，用时 4.7min，剪一株 5 年生 M26 中间砧红王将树只用 3min。

② 除特殊情况外，枝尽量不回缩，或很少回缩。

③ 尽量长放，一般枝和枝组可连放 5～7 年，只要结果适度，枝不会迅速变弱。树枝不特别衰老，决不回缩，令其自然下垂，其距地面高度应在 30cm 以上。

④ 尽量采用疏枝法，应该疏的大枝：把门侧、低位枝(近地枝)、轮生枝、多头领导枝、双头枝、树上树、交叉枝、密挤、病虫枝、过粗大枝等。应该疏的小枝：层间辅养枝、轮生枝、把门枝、重叠枝、过长枝、过粗枝、密挤枝、徒长枝、多头领导枝、掐脖枝、竞争枝、并生枝、平行枝、排骨枝、肘形枝(扭梢多年枝)、盘龙枝、躺卧枝、背后遮阴枝、双头枝、双生枝、衰弱枝等。该去的枝虽然不少，但也不需要一年或一次去光，需逐年解决。

⑤ 尽量少环剥或不环剥，也不搞扭梢，促花建议用碧护等生长调节剂。

⑥ 基本上不留背上枝，也不搞齐花剪，这样有利于单轴延伸，让枝组自由分布，能够培养足够的预备枝，有助于消除大小年现象。

⑦ 基本上不留背上强旺直立枝(变向者除外)，但应保留少量中、小枝组和中、小弱枝，以减少背上冒条和防止树皮、果实日灼伤。

⑧ 每 667m^2 留枝量 6 万～8 万条，枝果比保持在(6～8)∶1，叶果比可达 70∶1 以上。

2. 改形

树形在长达几十年的生长过程中，不可能是固定不变的，它要因栽植密度、树冠大小、机械化程度而改变。

(1)因果园的郁密程度进行适度间伐

① 大冠变小冠主要通过改变树形实现。小冠疏层形可改为小冠开心形(在 3～3.5m 高处落头开心)，自由纺锤形改为细长纺锤形，细长纺锤形改为松塔形

(主干形)。

② 圆冠变扁冠。行间大、株间交接的园片,可将圆冠改为垂直于行间的扁平树冠,疏缩株间大枝。拉开伸向行间的大枝,将原来大枝数减少 1/2～1/3,或 2 株当 1 株留大枝,以解决密不透光的问题。

③ 提干。将低矮的树干,逐年疏去 1m 以下的低位枝,逐年提高树干到 1～1.5m,以便于田间操作和通风透光。

④ 高冠变中冠。据调查,树冠超过 4m 者,3.5m 以上处结果量并不多,只占全树产量的 3%～5%,条件成熟时,落头到 3m～3.5m 处,对产量没有太大影响。落头开心后还要注意控制顶部大枝体积,防止上强现象发生,保持树冠上小、下大的轮廓。

(2)因树冠过密改形

让密冠变稀冠,通过疏枝,拉开大枝和枝组间距,使树冠各部均匀,通风透光。中冠树形留下 3～5 个主枝;自由纺锤形留下 8～10 个小主枝;细长纺锤形留下 13～15 个侧生分枝;松塔树形只留 23～25 个侧生枝组。

(3)结合高接换种改形

如改接优系红富士(烟富 8 号等)和优良短枝型品种,将原来高大、密不通风的砧树,在中央领导干上留下主枝或枝组的短桩,排好距离,嫁接良种接穗,便改为适宜小冠树形,将从根本上解决树冠过密的问题(图 4-10)。

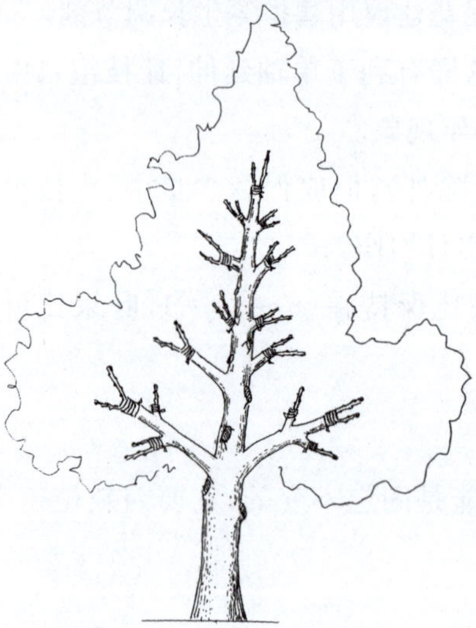

图 4-10　结合高接换种改形

(4)改形的注意事项

改形应从大年开始,须经过 3～4 年完成改造任务,不能一年或一次改造到位,要考虑产量和枝组培养过程。山地盛果期树,树冠相对矮小、稳定,不提倡大改形,提干也不要过快过急,基部主枝上的低位枝(侧枝等)适当疏剪,改善地下光条件。总之，以达通风透光为度。

(十)红富士苹果树整形修剪纠错

2020年5月以来，我们借苹果树整形修剪纠错项目，有机会深入辽宁省葫芦岛市、甘肃省天水市、山东省烟台市、河北省唐山市等苹果区，调研苹果树整形修剪方面的问题。近年发展的新园树形标准，修剪上的问题不多，但在老果园一些成龄树上还存在许多问题，有近20个技术失误之处，应逐年加以克服。在田间操作中，要坚持四季修剪，以长放和疏枝为主，按树形要求留下最低限量骨干枝，枝组要丰满而不密，确保树冠通风透光，结果适量，让有限的空间和营养集中供应优质果生产。“让劳动者轻松干活，树要轻松结果”，用质量提升效益，努力减少小果率、歪果率，提高全红果率和优质商品果率，这是今后苹里生产的新方向。

1. 群体太密

近年苹果密植已成新趋势，株距1～3m，因树形而定，栽后株间枝条逐年交叉严重，只能向行间发展，但行间宽度一般为3～4m，还要留出1～1.5m作业道，因此，要控制好伸向行间的长枝、大枝、旺枝(图4-11)。

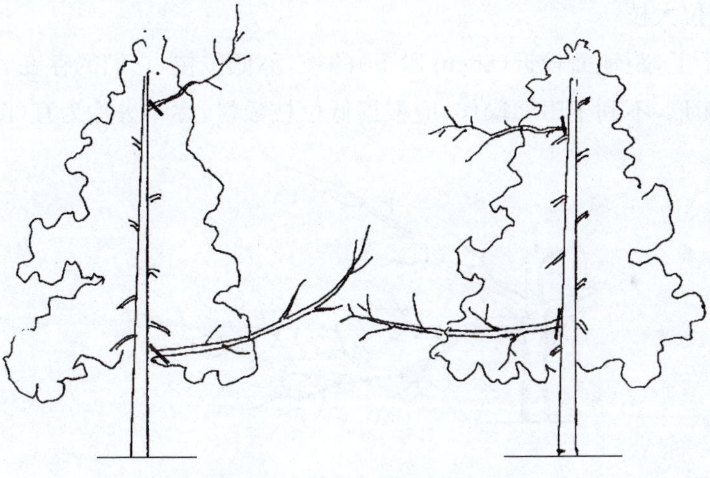

图4-11　伸向行间的长枝、大枝、旺枝

2. 树冠太高

一般树高不能超过行距，树冠太高操作不便，特别是近年果园劳力年龄都在 60～70 岁，上梯子、上树十分困难，因此要将树高控制在 2.5～3m 为宜。在高纺锤形果园，因为有行间平台车支持可将树高控制在 4m 左右(图 4-12)。

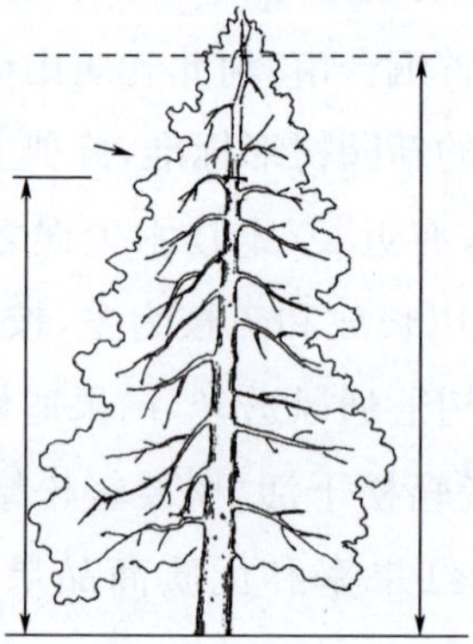

图 4-12　树冠太高

3. 树冠郁密

在整形修剪过程中，舍不得去枝，保留下许多不宜存在的枝，多年以后，枝条茂密，应着手加以解决。

(1)低位大枝

在树干上，距地面较近(80cm 以下)的枝，称低位枝，它们的存在容易造成下强上弱的树形，不利于田间操作，应根据低位枝数量，逐年去除为宜(图 4-13)。

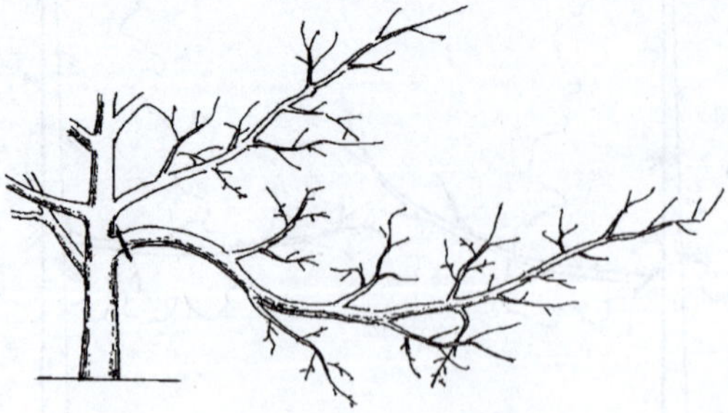

图 4-13　低位大枝

(2)轮生枝

轮生枝的存在容易造成中央领导干变细，出现掐脖现象，由于骨干枝多，内膛光照恶化，应逐年解决(图 4-14)。

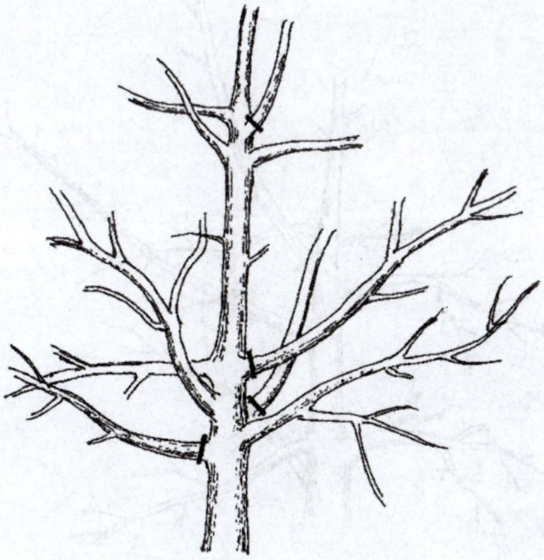

图 4-14　轮生枝

(3)树上树

背上直立旺枝、徒长枝放任生长几年后便形成树上树，严重影响树冠通风透光，应及早疏除(图 4-15)。

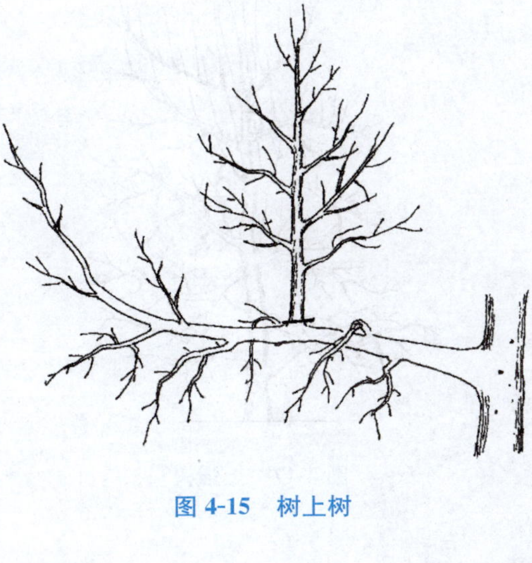

图 4-15　树上树

(4)竞争枝

由徒长枝长放形成对中央领导干有竞争优势的枝,应及时疏除(图4-16)。

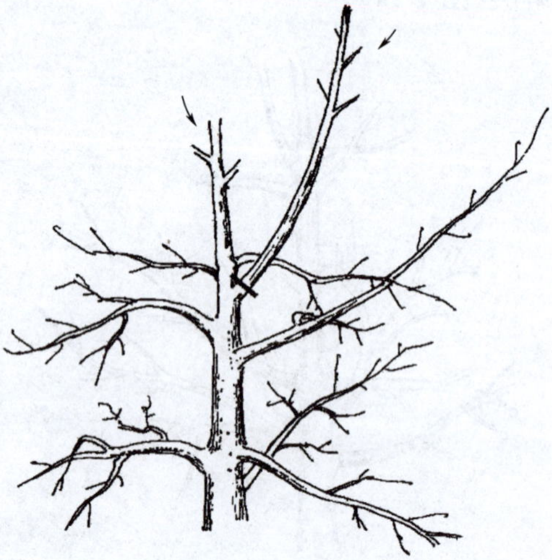

图4-16 竞争枝

(5)上强树

由于落头早,树势强,树冠上部易发生许多徒长枝,应及时疏除(图4-17)。

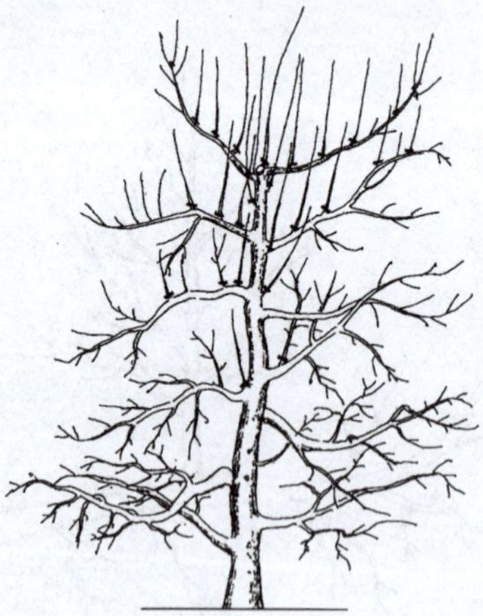

图4-17 上强树

(6)“扫帚头”

由于对主枝延长头修剪不当,形成较大的顶部,俗称“扫帚头”,应用下部侧枝转主枝头(图 4-18)。

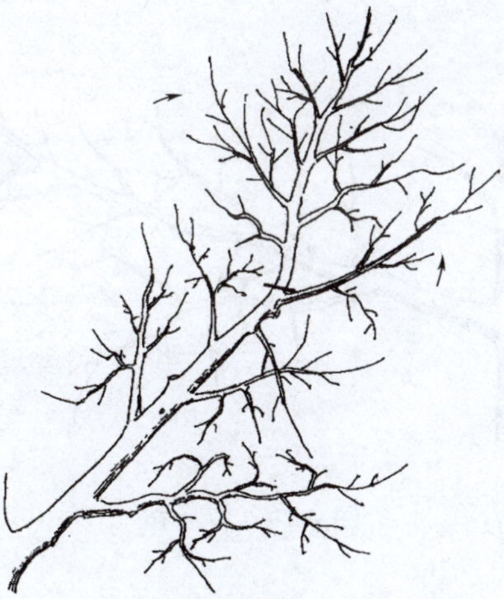

图 4-18　扫帚头

(7) 粗大枝

树上常有一些粗大枝干扰树形,郁密树冠,应及时疏除,要保证干枝比在 1∶2 以下为宜(图 4-19)。

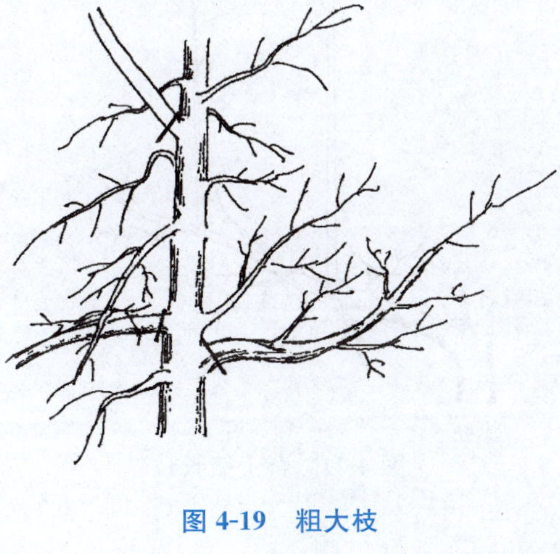

图 4-19　粗大枝

(8) 背后枝

在初果期背后枝有利于增枝、结果，到盛果期全树枝量较大，背后枝生长缺乏优势，结果质量不高，着色不好，因此要及时疏除(图4-20)。

图4-20 背后枝

(9)背上徒长枝

由于忽视夏剪，主枝背上容易抽生徒长枝，年生长量在1m左右，如无利用价值，应及时疏除(图4-21)。

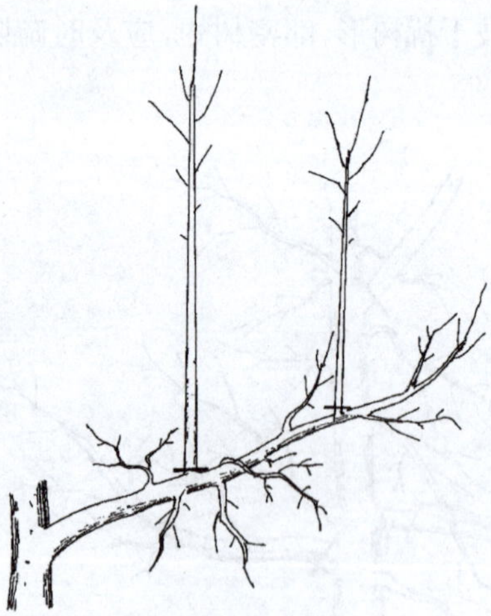

图4-21 背上徒长枝

(10)并行枝

一般2枝平行延伸，相距太近应疏去1枝，让留下的枝充分生长，如果是3个枝并排生长，为了拉开距离，应去除中间的枝条(图4-22)。

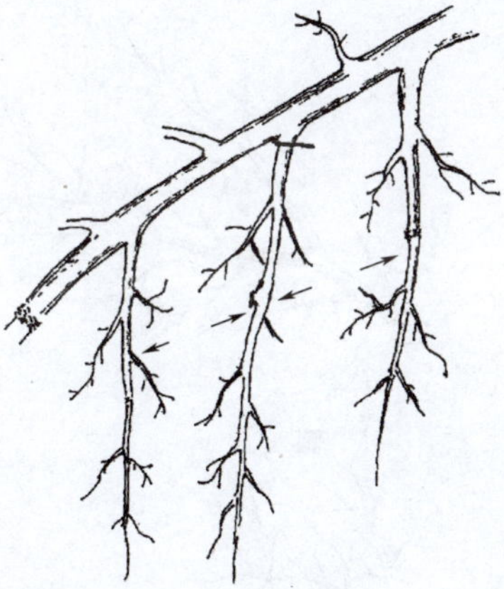

图4-22　并行枝

(11)重叠枝

幼树期间由于全树枝量少，上下2枝距离较近(20～30cm)还可以不相互影响，但到了盛果期，下边枝被上面枝遮盖严重，结果质量不高，应将2枝中留下1枝(图4-23)。

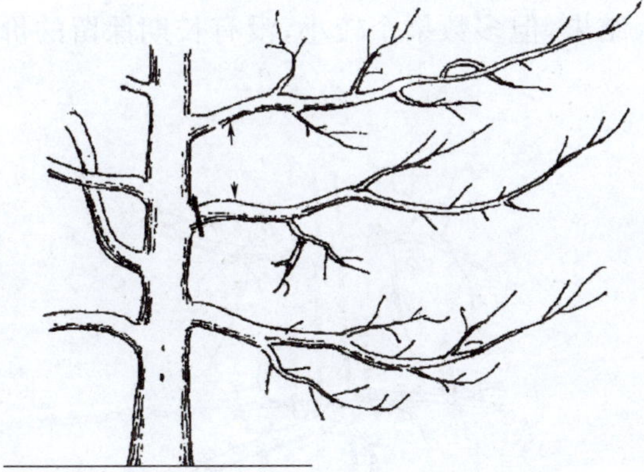

图4-23　重叠枝

(12)双头枝

在修剪中忽视主从关系,任由侧枝或竞争枝逐年形成双头枝,应视空间大小,保留角度、方位较好的一枝,而将另一枝疏除(图 4-24)。

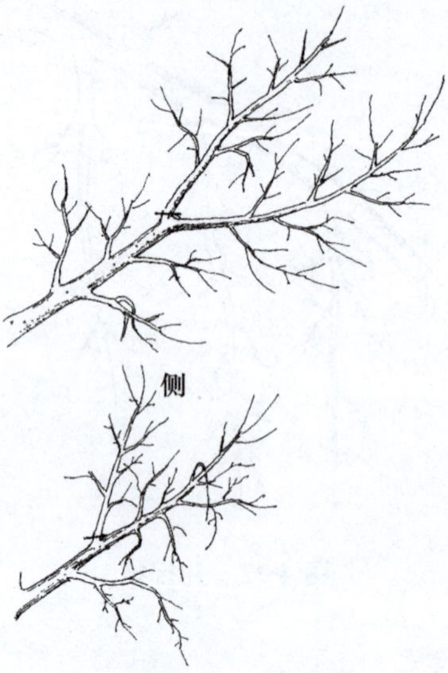

图 4-24　双头枝

(13)扭梢枝

这种枝是幼树为了早结果扭梢形成的。扭梢后,新梢木质部和韧皮部都受伤了,虽然能成花、结果,但多数果个较小,没有长期保留的价值,应在早期疏掉(图 4-25)。

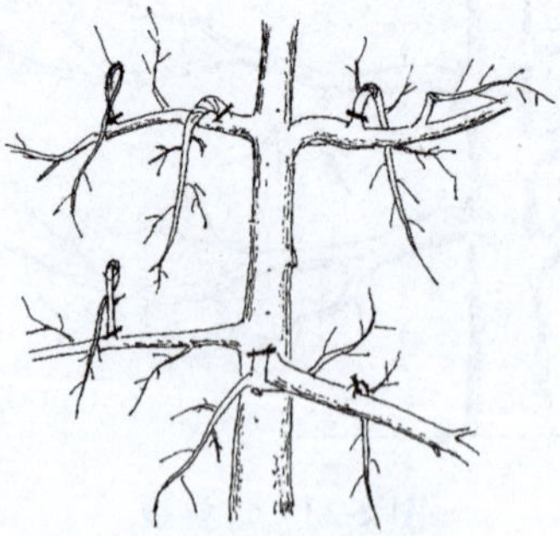

图 4-25　扭梢枝

(14)尖削度大的枝

这种技不易成花结果，白白浪费树体营养，应及时疏除(图 4-26)。

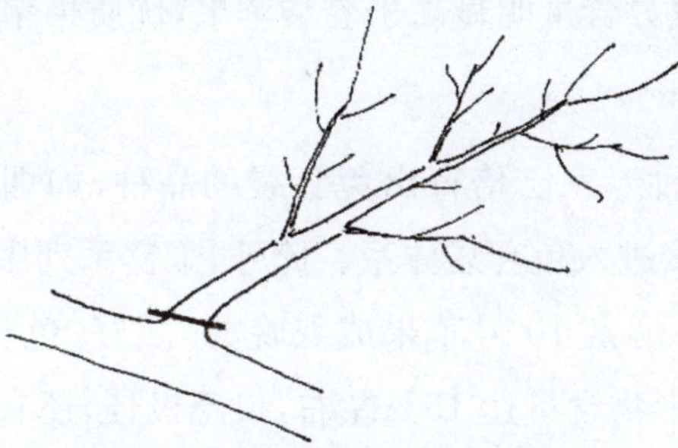

图 4-26　尖削度大的枝

(15)枝组过密

盛果期树主要结果部位是各类枝组，但枝组过多、过密，也影响成花结果，果个小，着色差，应采取疏间措施，按枝组适当间距保留下健壮枝组(图 4-27)。

图 4-27　枝组过密

(十一)红富士苹果免套袋技术

20 世纪 90 年代，我国从日本引进小林纸袋，至今已风靡全国。除小林纸袋外，我国也自制纸袋几十种，在生产上发挥了重要作用。苹果套袋优点明显，可保护果面、使果实着色艳丽、防止农药污染、防御轻雹灾袭击等，显著提高优质果率，已被广大果农所接受。但随着生产的发展，农村劳力紧张难求，工费上涨，套袋成本一般每 667m^2 在 2 000 元左右，许多果农承受不起，近年免套袋成为新趋势。许多研究成果显示,免套袋有许多优点,降低生产成本达30%左右;减轻环境污染,提高果品质量;一般免套袋果可溶性固形物含量要比套袋果高1%左右;果肉中柠檬酸、琥珀酸等成分含量明显高于套袋苹果,优质果率也有较大提高。

1. 品种选择

根据生产需要,育种专家已培育出免套袋的品种,如烟台现代果业科学研究所推出的双馨,可直接进入免套袋体系。此外,烟富系列中的3号、7号、10号等品种也可入选。其中烟富10号苹果成熟晚、品质好、色相片红,果肉硬度达8.78kg/cm^2,可溶性固形物含量达15%左右,口感极佳,还有抗苦痘病和枝干轮纹病的特性。

2. 搞好清园工作

落叶后至萌芽前,要清扫果园,剪除病虫枝,降低病虫害基数。刮老翘皮,对防治枝干轮纹病、干腐病、螨类、食心虫类、介壳虫类、卷叶虫类、星毛虫等,效果显著。

3. 选高光效树形

这类树形可选细长纺锤形、松塔树形、高纺锤形,原有树形通过落头,改造为小冠开心形都可以。在建造树形过程中,尽可能按树形规定留够小主枝、侧生分枝和枝组,并照顾到枝间距离和树势平衡,达到树形标准、通风透光的要求。

4. 改造有问题的树

(1)上强下弱树

随着树冠的扩大,管理的加强,树体常出现上大下小、上强下弱的情况。要对上部过多大枝逐年疏除,第一年疏除60%,主要疏除粗大、密生、直立竞争枝,必要时落头开心,树高控制在2.8m左右为宜。

(2)基部主枝过低

逐年提干到适宜高度80~100cm,不仅改善地下光,也方便田间管理。

(3)侧生枝过多

要疏剪层间枝,拉开层间距离。

(4)树势过旺,成花不多

要采取轻剪缓放手法,运用晚剪、夏剪手法,多留花芽多结果。结合割、剥等技术，促花结果，十分有效。

(5)多花弱树

要加大修剪量，更新弱枝，疏剪花多弱枝，中、大枝组保持枝组间距40～60cm。适度减少花量，有利于优质生产。

(6)外强内弱树

要疏除外围竞争枝、双头枝、直立枝，去枝量达1/3左右。

(7)树势太弱

通过加强土肥水管理，细致疏剪弱枝，扶持强枝，适度结果。1～2年内，便可让树势转强，进入正常结果。

5. 加强土肥水管理

免套袋红富士苹果园应加强土肥水管理。未起垄平地果园，应修整为上宽450cm、下宽110cm、高20cm左右的弓背形土垄，在表面覆地膜或无纺布等材料。在行间实行生草作业，播种黑麦草、紫花苜蓿、禾本科草种等，或保留自然生草（蒲公英、马唐、紫花地丁等杂草）。当草层高度达到30～40cm高时，进行刈割，全年可刈割2～6次。留茬高度在5～8cm。

8～9月坚持施足基肥（有机、无机生物肥），花前、花后进行地面追肥，或选择涂干肥如蒙力28等涂干。

在需水临界期保证水分供应。

6. 花果管理

(1)防晚霜危害

常用灌水、涂白、喷布萘乙酸等办法延迟花期，或喷布碧护、芸薹素内酯等护花防冻；晚霜来临时，可用熏烟、吹风机吹等方法防冻。

(2)授粉

释放蜜蜂、壁蜂传粉，采用人工点授方式授粉也较有效。大面积果园用人工或机械喷粉效率更高。

(3)疏定果

花后10天可以定果，每丛留1个中心果或1个大果，要选留萼洼朝下、果形高桩、端正、无病虫危害、分布均匀（果间距25～30cm）的幼果。单株留果可按干周法公式：$y=0.2C^2$（y为单株留果数，C为树干中部周长，单位cm）。如中部干周为40cm，单株果数=0.2×40×40=320个幼果。若每667m²留10 000～12 000个果实，产量达2 500～4 000kg。

7. 病虫害防控途径

(1)生物防控

① 释放害虫天敌，主要有寄生蜂、捕蝇螨、小花蝽、草蛉和瓢虫等。

② 用性诱剂防治害虫，高效、无毒、无污染。如桃小食心虫性诱剂、金纹细蛾性诱剂、苹果小卷叶蛾性诱剂等。

(2)物理防治

① 诱虫带　人为设置害虫越冬场所，可集中诱杀害虫。

② 杀虫灯　利用害虫趋光、趋波特性，制造出杀虫灯，灯距100～200m。悬高1～1.5m，可防桃小、苹小卷叶蛾，金龟子等。

③ 黏虫板　可防蚜虫、粉虱、蓟马等，每667m²果园悬挂25～30片黄色与蓝色黏虫板。

④ 果实套袋　可有效预防病虫害，且能减少农药残留。注意并非所有果园都适用此法。

(3)农业防治

① 果园生草，助繁天敌，减少农药用量。

② 深翻改土，改变害虫生态环境。

③ 改善树冠光照。

④ 及时清园刮治树皮等，降低病虫基数。

在生产上，如能综合应用上述技术，就能实现高效优质生产，让果农们发家致富。

(十二)果实贮藏保鲜

1. 贮藏保鲜方法与评价

当前苹果贮藏保鲜方法主要有物理和化学两种方法。

(1)物理方法

通过降低果库和果实温度，控制 O_2 和 CO_2 浓度，从而达到抑制果实呼吸作用延长衰老的目的。主要采用窑洞换气贮藏、高温库、气调库、真空贮藏和辐射处理等途径来完成。采用物理方法虽然保鲜效果好，但仍存在一些缺点，第一，有耐低温微生物的繁殖侵染，影响食用安全；第二，大型机械设备所用一次性投资大，资金回收慢，能耗费用高，技术要求严，不易为普通果农掌握。在我国目前经济水平运作下，难以产生较高的经济效益。

另外，辐射处理是利用电离辐射能的射线处理，会导致果实内部新陈代谢发生变化，从而达到延缓水果后熟的目的。该法效率虽然较高，易于实现自动化操作，但也存在一次性投资大的问题。

(2)化学方法

利用化学涂层、熏蒸剂、防腐剂等化学试剂对果面进行涂果、熏蒸、浸泡等处理，以达防腐保鲜的目的。采用化学方法虽然操作简单、成本低，但对果实会产生二次污染，可能还会有一定的毒害作用。

2. 冷库

(1)现存问题

目前，苹果储存用冷库的比较多，但该方法存在一些问题，需注意。

① 分布不均　目前看，我国冷库主要集中在华东、华中、华南、华北区域，冷库占比 86%，西部、北部地区冷库严重不足。

② 盲目建库，库房闲置多　一般认为，贮藏库是保险库，只要建库，就有收益，形成建库热，常常不能与当地果品产量相适应。建库多，闲置情况十分严重。如辽宁有贮力约为 70 万 t，实际贮量只有 22 万 t，仅占总贮力的 31.43%。同时，贮库多有半年闲的现象，造成严重浪费。2020 年上半年，我国冷库空置率约为 13.87%，应引起足够重视。

③ 大型冷库利用率偏低　传统冷库设计普遍高 5m 左右，在实际应用中，特别是无隔架层的冷库应用率低于 50%。因为当果品堆码高达 3.2m 时，纸箱常因重压和吸潮等原因，极易出现包装破裂和倒塌等现象，导致果品质量下降，常造成巨大的经济损失。

④ 安全问题　国内少数冷库无证设计，装置缺乏统一规范，操作人员有的未经专业培训，无证上岗，管理人员安全意识淡薄，许多气调库达不到设计要求，而降级使用。另外，大多数20世纪90年代的老库，设备陈旧，配置不合理，管道腐蚀，带病运营现象严重。还有相当一部分库不能按时维修。建议运转1 000h应小修，运转4 000～9 000h应中修，运转8 000～10 000h应大修。

⑤ 自动化控制水平低　近年，虽然国家投入大量资金改善水果冷链问题，但收效不大，其原因是设备选型不合理。为了降低前期投资成本，大量选用廉价的设备或二手设备。运行成本高，经济效益不好。

(2)家庭微型冷库

果品季节差价大，旺贮淡销能发家。一般果农单户经营3 500～6 500m^2果园，产量不多，经济基础薄弱，大中型冷库不适应其要求，而需要更小的冷库，即家庭微型冷库。这种小冷库一次性投资少，见效快，有的当年即可收回投资，备受欢迎，预计几年内，将风靡广大果区。它是广大果农、农产品经销单位、社区超市、城镇下岗人员投资创业、发家致富的理想选择，也是具有中国特色的贮藏保鲜项目。

其优点如下。

① 经济适用　大部分果农的经济实力有限，一般家有3 500～6 500m^2果园，丰产年纯收入3万～5万元，多者10万～20万元，扣除家庭日常开支，只剩几万元，利用旧房改造20～30t的小冷库，花4万～5万元，便可建成，一般家庭是完全可以承受的。

② 操作简单　多数果农对于制冷技术和保鲜技术知识知之甚少，这就要求家庭保鲜设备必须民用化，像家用洗衣机、电视机一样，插电就开机，不用复杂的程序就能操作。例如，北京一冷创佳科技有限公司经过实际调查研究，反复试验，突破关键技术难题，研发出家庭节能环保型保鲜冷库专用机，取得国家专利(ZL201220209692.7)。该设备具有投资少、见效快、操作简便易学、安装方便、运行稳定、插电即用等特点。产品在工厂一次性组装完成，质量有保证。目前，已在北京、山西、甘肃、河北、内蒙古、山东、辽宁等地建库多座，运行稳定，博得客户满意。

③ 节能节资，注意环保　北方地区可利用自然冷源降温功能及热气融霜技术，既节能又使库温融霜时温度波动小。环保方面，采用先进环保型制冷剂，减少氟对大气的污染。根据品种需要，随时对产品进行杀菌自动加湿，确保贮品新鲜安全，货架期更长。如河北省遵化市农技站于2013年秋用旧房改造出容积为110m^{3}的冷库，当年11月1日贮2万kg长富2号苹果，2014年1月25日出库，收入128 000元，贮果收入51 200元，建库成本46 000元，人工1 200元，运输费1 300元，85天电费125元。建库当年扣除一切开支，纯收入2 575元，即收回投资并有一定盈余，而且设备至今运转正常，获得客户好评。

④ 国家扶持力度大　根据农业农村部印发的《关于加快农产品仓储保鲜冷链设备建设的实施意见》指出，对河北、陕西、辽宁等16个省县级以上的示范农场和农民专业合作社，建设水果、蔬菜等农产品仓储保鲜冷链措施的，给予资金奖励支持。同时要求示范家庭农场、农民专业合作社等新型农业经营主体，通过农业农村部新型农业经营主体信息申报系统进行申报，以便得到政府支持。今后，家庭微型冷库定会在广大果区异军突起，蓬勃发展。

（十三）人工辅助授粉技术

1. 技术效果

人工辅助授粉的作用是：提高花序和花朵坐果率，从而增加当年产量，同时，由于授粉受精良好，心室内种子多而且发育正常，所以端正果率明显增加，有利于保持本品种的标准果形。据资料介绍，在授粉树配置合理、花期条件好时，红富士苹果的自然坐果率可达54％～85％，再辅以人工授粉，坐果率可再提高15％左右。在授粉树配置不当、花期天气不良（春旱、高温、阴冷、大风等）及花期短的情况下，自然坐果率很低，有的年份成为小年或几乎绝产，如果进行人工辅助授粉，坐果率可提高20％～50％。全树幼果数量大，在疏果时，就有了选择的余地，可以保留果个大、果形发育好的幼果，为生产优质果提供了条件。这项技术在山东省胶东地区、辽宁省大连市及其他先进果区已普遍使用，并取得令人满意的生产效果。

2. 技术措施

(1)采花

选择与红富士品种亲和力好(如果弄不清品种授粉组合,也可用当地几个品种的花与本品种的花混用)、花粉量大、发育正常的品种为采粉树。在授粉前2～3天,摘取含苞待放(花蕾呈气球状或风船状)的铃铛花或刚开放的花(生命力强)。采花时,要看授粉树的长相、花量等情况,花多的树可多采,花少的树宜少采或不采;从一株树来说,树冠外围多采,内膛少采;弱树、弱枝上多采,旺树、旺枝上少采。一般1个苹果花序,采集2朵边花即可。这样,既可减少授粉树的梢头果,也不会因采花过多或不当而影响采粉树的产量。

那么,采多少鲜花合适呢?这可通过计算得出,以免多采花或采花不足。据研究,0.5kg元帅鲜铃铛花,可产干花粉16.6g;0.5kg金冠鲜铃铛花,可产干花粉约13g。每克干花粉可点授4 000朵红富士花。据此,可计算出不同产量(果量),人工授粉所需采花量和干花粉量(表4-5)。

表4-5　每 $667m^2$ 产量苹果园人工授粉需鲜花量和干花粉量

每 $667m^2$ 产量/kg	鲜铃铛花重/kg	干花粉量/g
1 000	0.250	8.25
2 000	0.500	16.50
3 000	1.000	24.75
4 000	1.250	33.00
5 000	1.500	42.00

注:表中授粉品品种为元帅、金冠。

根据每 $667m^2$ 产量和单果重、留果量等参数计算出需采鲜花量。计算公式:

$$X=\frac{A\times B}{K_1\times K_2\times K_3}$$

式中,X为每 $667m^2$ 红富士苹果园授粉需采鲜铃花量(kg);A为每 $667m^2$ 产量(kg);B为每kg果数;K_1 为花朵坐果率(按20%计);K_2 为1g干花粉可授花朵数(一般为 4 000 朵);K_3 为 0.5kg 鲜花可产干花粉重量(g)。

(2)取花粉

将当天采集的花蕾、初开的花及时拿回室内取粉,不要推迟过夜,更不要堆成大堆或放在包内。取花药时,先剥开铃铛花的瓣,将两朵花心相对磨擦,使花药落在事先铺好的油光纸上。然后,用簸箕簸出碎花瓣、花丝等杂质,再把花药薄薄地摊在纸上阴干,不时翻动,以加速散粉。阴干花粉的房间,要求干燥、通风、无尘,温度保持在 20～25℃,过高的温度(>30℃)会降低花粉的生活力,过低的温度会导致花粉不易散出。如果室温不够,也可用吊电灯于花药附近增温,但不宜超过 28℃,千万不要将花药放在阳光下曝晒,或放在火上烘烤。花药经1～2天的阴干,便会自然开裂并散出黄色花粉。少量采粉时,可用镊子拨开花瓣,钳掉花药再阴干。如有恒温箱,最好将花粉放在恒温箱内,温度控制在 24～26℃,花粉干燥散粉后,将黄色花粉收集起来(去除花药壳)放在玻璃瓶中,置于冷凉、干燥条件下保存,以维持花粉的生活力。据资料介绍,苹果混合花粉在室温条件下,其花粉授粉的有效期为 12 天,但高效授粉期只有 6 天左右。在 0～4℃的低温下,以氯化钙为干燥剂密封保持,元帅花粉生活力可维持 1～2 年;在－10℃条件下,可维持 10 年左右。在生产上,要保持花粉的良好生活力,从采花开始就要注意不能让鲜花粉接触 30℃以上高温,也不能让干花粉受潮,这些都是不可忽视的技术环节。

(3)授粉时间

苹果开花进程是顶花芽的中心花先开,2 天内边花相继开放。一个花序的花朵,从开花到谢花,一般需经 5～6 天时间。单花开放时间持续 4～5 天,开放 3 天以后,柱头开始变黄、萎蔫。以花朵开放当天授粉坐果率最高,开放 4 天后授粉则不能坐果。苹果花期长短与气温有关,花期气温低时,花期延长 2～3 天;气温高时,花期缩短 1～2 天。通常,第一批花坐果率高,第二批花坐果率中等,第三批花坐果率偏低。因此,人工授粉要抓住第一批花。据观察,苹果授粉时间有效期为开花前一天至开花后的第三天之间,以单花开放的当天授粉效果最佳,一天中以无风、微风晴天上午 9 时至下午 4 时为宜。因此,人工授粉要在初花期抓紧进行。

(4)授粉方法

① 人工点授　为经济利用花粉,先将花粉按照1∶(2～5)的比例填充滑石粉、干燥细淀粉,充分混合、稀释备用。另外,提前做好简易授粉工具:用旧报纸卷成香烟粗细的纸棒(卷得紧些更好用),纸头粘住,截成15～20cm一段,再在砂纸或粗砖上将其一端磨成削好的铅笔状,用来蘸粉。此外,还可用毛笔、橡皮头、气门芯等作授粉工具。授粉前,将制备好的花粉装入洗净、晾干的小瓶中,用上述任何一种工具蘸取花粉,点授到刚开放花的柱头上,每蘸一次,可点授5～7朵花,使花粉均匀粘在柱头顶上。重点是点授第一、二批花,当然在前两批花开放时天气条件不利时,也可加重点授第三批花。不论哪批花,都要点授在刚开放的花柱上。但点授数量可因被授粉树的花数量、花质量等而定。开花少或幼树(初果期),应全面点授所有的花朵;旺树多点授,弱树少点授或不点授;花多树可隔三差五或按一定距离点授。每个花序重点点授中心花或1～2朵边花。疏过花的,要逐花点授,否则坐果不足会影响产量。注意不应点授过多。否则,坐果过量,既浪费树体养分,又增加疏果工作量。花期天气好时,只授第一批花就够了,花期天气不好,可授第二、三批花。该法虽然费工,但能节约花粉,在开花少、花期天气不利的条件下,可以确保坐果和丰收。

为了省工,可将花粉按1∶(10～20)的比例填混滑石粉或干细淀粉,混好后,装入用2～3层纱布制成的撒粉袋里,吊在竹竿头上,敲打竹竿,让花粉落到花柱上,以辅助授粉。

② 液体授粉　人工点授虽省花粉,但毕竟费工费时。应用花粉液机械喷授,能提高授粉效率5～10倍,授粉效果与人工授粉相近,但需大量的花粉。这种授粉方法由于能用大型和小型喷雾机器,所以适于大面积果园和矮密果园应用。

花粉液配方:干花粉10～12.5g加水5kg再加蔗糖250g、尿素15g、硼酸5g和展着剂“6 501”5mL。先将糖、水、尿素拌匀,配成5%的糖尿液,然后加干花粉调匀,用2～3层纱布滤去杂质,喷前加硼酸和展着剂,迅速搅匀后即可喷洒。因为花粉在溶液中经2～4h便能萌发,所以配成的花粉液一定要在2～4h内喷完。红富士苹果园有一半以上的树,每株树有60%花朵开放时,是最适喷布时间。

注意事项:花粉液要随配随用,不可久放,否则会因花粉发芽会失效。离花近些喷布,要快速周到,喷布均匀。为节省花粉液,最好用超低量喷雾器。一般大树株喷花粉液 100～150g。喷布半天后,要用清水冲洗喷头,以免因糖液堵塞喷头,影响工作。

(十四)蜜蜂、壁蜂授粉技术

1. 蜜蜂、壁蜂授粉技术的优点

(1)省力、高效、授粉充分

可以解决人工授粉需用大量劳力的问题,同时,可以使人工授粉难以授到的树冠内膛和上部的花,得到充分授粉的机会。

(2)增大果个

利用壁蜂为红富士苹果授粉后,果内种子数比自然传粉增加 2～3 粒。在幼果发育过程中,种子分泌赤霉素相应增多,刺激了果肉的发育,果子长得快,个头大,一般说,单果重平均增长 30g 以上。据山东威海地区试验,红富士苹果平均单果重,在释放角额壁蜂区为 188.0g,自然传粉区仅为 154.2g,即单果平均增重 33.8g。

(3)端正果率高

苹果花充分授粉后,各心室种子数多而且均匀饱满,因而各部果肉得以正常发育,果实不容易出现畸形。据试验,红富士苹果端正果率:放蜂区 94.5%,自然传粉区 70.9%,端正果率提高 23.6%。

(4)增加坐果率

在山东沿海地区,花期风大,气温偏低,阴雨多,不便进行人工授粉的条件下,通过放蜂苹果生理落果明显减少,坐果率成倍增加。在陕西礼泉地区,通过放蜂红富士生理落果减少 32.9%。所以,放蜂使红富士产量增加 10%～20%,最多可达 1 倍多。

(5)减轻霜冻

蜜蜂将大量花粉带给雌蕊柱头,增加了受精的选择性,使花粉管迅速伸长到胚珠而完全受精,性细胞的相互同化,促进子房组织的发育,从而增加了花器的抗逆性,减轻霜冻危害。据相关试验结果,果园有蜂区比无蜂区平均减轻受冻率40%以上,离蜂群愈近的树,霜冻危害愈轻。

2. 蜜蜂

一般放蜂时间安排在整个花期。每2 600～4 000m^2 苹果园放一群蜂,蜂群间距离以不超过400m为宜。这样,可使全园花朵充分授粉。每群蜂约有8 000只蜜蜂,每天有1/3的工蜂外出采蜜,其中采粉蜂约占1/3,即1 000只左右。每只蜂在每朵花上采粉停留约5s,每小时可采700朵花,即每群蜂每小时可采花70万朵。每株树上只要有3～5只蜂活动,便可在很短时间内将盛开的花采粉一遍。每天盛开的花被蜜蜂采粉次数愈多,其授粉效果越好。注意在放蜂期间一定要禁用杀虫农药,以免蜜蜂中毒死亡,影响授粉效果。

3. 壁蜂

近年,由于大量使用农药,导致野生昆虫急剧减少,果树授粉不良,产量品质均受影响,人们不得不进行人工辅助授粉,但因花期短,用工多,树顶部授粉不便,并且投资多,难度大。用蜜蜂授粉,一要饲养(喂蜂蜜),二要移动,但早春低温寡照授粉能力差。因此,研究应用壁蜂代替蜜蜂和人工授粉效果较好。

壁蜂是独栖性野生花蜂,是苹果树重要传粉昆虫。主要品种有角额壁蜂、凹唇壁蜂、紫壁蜂、圆蓝壁蜂和枯黄壁蜂等。

中国农业科学院生物防治研究室从日本首先引进角额壁蜂,河北省农业科学院协助试验,在胶东地区、秦皇岛等地取得良好的授粉效果。此后,在国内陆续搜集和利用了凹唇壁蜂和紫壁蜂等。

(1)壁蜂授粉的优点

① 管理技术简单易行　成蜂于苹果花前陆续破茧出巢,活动期15天左右,采集果树花粉、花蜜,营巢产卵。不需人工饲养,又能躲开苹果花后与采前大量农药杀伤。蜂巢制作简单,材料来源广,管理壁蜂技术易于掌握。

② 授粉效果好于蜜蜂　普通蜜蜂在花期气温17℃时开始出巢排粪饮水,个别强蜂开始访花。20～25℃时访花活跃,30℃最频繁;低于17℃或高于35℃时,则不利于蜜蜂活动。而壁蜂起始访花的温度较低。角额壁蜂在白天气温

14～15℃开始出巢访花，晴天上午8时至下午6时，工作10h；凹唇壁蜂12～13℃开始出巢访花，上午7时半至下午7时半工作12h；紫壁蜂15～16℃出巢访花，上午9时半至下午6时半，工作9个h。另外，壁蜂工作效率高，访花速度快。据魏枢阁、周伟儒等观察，在苹果花期，角额壁蜂每分钟访花10～15朵，凹唇壁蜂为10～16朵，紫壁蜂为7～12朵，而家养的意大利蜂为4～8朵。壁蜂授粉能力强，对北方多种果树也有良好的授粉效果。壁蜂的有效活动范围只有40～50m，因此，适于小果园自行管理和应用。据日本推算，角额壁蜂个体授粉能力是意蜂的80倍。

(2)壁蜂生物学特性

壁蜂1年一代，春季花期成蜂出巢访花，营巢产卵后死亡。卵和幼虫在巢内发育，做茧化蛹，成蜂羽化后在茧内休眠越冬，次年春出巢。喜寻孔洞、中空茎秆、墙孔石缝中营巢定居，也喜于人工制作的苇管和纸管内营巢。营巢时，先在管底筑一层壁，后采花粉、花蜜制成菜豆大小的花粉团，于其旁产1粒卵，再筑一层壁封闭好。角额壁蜂和凹唇壁蜂用湿泥筑壁，每支巢管内可连筑7～15个巢室。紫壁蜂用嚼烂的叶子做壁，每支巢管筑10～20个巢室。最后，壁蜂用2～3层厚的壁封闭管口，以保护卵粒、幼虫和成蜂。

(3)壁蜂管理技术

据魏枢阁、周伟儒报道，壁蜂主要管理技术如下。

① 蜂茧存放　为使壁蜂在苹果花期出巢访花，应在春季气温回升前，将越冬的壁蜂蜂茧在0～5℃冷藏。为除去壁蜂天敌，应于12月至次年1月从巢管中取出蜂茧，清除天敌。随后，将蜂茧装瓶，每个罐头瓶可装500头左右，用纱布扎口，放入冰箱内。

② 蜂巢制做　a. 用内径5～7mm的苇管，锯成15～16cm长，其一头留茎节，另一头开口，开口端磨平，用广告颜料将管口分别染成红、绿、黄、白4种颜色，混合后每50支扎成一捆；b. 也可制作与苇管相似的纸管，内壁为牛皮纸，外为报纸，管壁厚1mm以上。捆扎后，一端用胶水和纸封实，再粘一层厚纸片。

选用25cm×15cm×20cm的纸箱，以25cm×15cm一面为开口，箱内放6～8捆巢管，分为上下两层，这就成为可以放到田间的蜂巢箱。

③ 田间设巢　首次放壁蜂果园，每30～40m设一蜂巢箱，蜂巢越多，回收壁蜂也多。当壁蜂数量增多后，可以40～50m设一蜂巢。用支柱将巢箱架起，使箱底距地面40～50cm，上部设棚防雨，也可用砖石砌成固定蜂巢。应选避风向阳、开阔无遮蔽处设巢，巢口朝向东或南，以利壁蜂营巢。

④ 蜂茧释放　蜂茧放到田间后，壁蜂咬破茧壳，经7～10天，可全部出巢，故应于花前7～10天放出蜂茧。如果提前将冰箱温度由0～5℃调到8～10℃时，2～3天后将蜂茧放到田间，可缩短壁蜂出茧时间。若开花后再放出蜂茧，可能在壁蜂出齐后已错过了盛花期，既不能发挥授粉作用，也不能多回收壁蜂。初果期、小年红富士树，每667m^2放100头壁蜂茧；盛果期、大年红富士树，每667m^2放蜂茧量60头左右就可以了。

⑤ 提早种些开花作物　如果园行间秋种越冬油菜、春栽打籽白菜，在蜂巢旁种植1m^2作物即可，可为在红富士苹果花开前出巢的壁蜂提供蜜源。

⑥ 蜂巢管理　主要是防雨和防治天敌。当巢管受潮时，花粉团易发霉，幼蜂死亡较多。所以要防止风雨淋湿蜂巢。另外，壁蜂有许多天敌，如蚂蚁、蜘蛛和鸟类。防蚂蚁可用毒饵诱杀。毒饵配方：将花生饼或麦麸250g炒香，猪油100g、糖100g、敌百虫25g，加水少许，混匀。每蜂巢旁施毒饵20g，上盖碎瓦防雨和防止壁蜂接触。在蜂巢的木支架上也可涂凡士林或机油，以阻止蚂蚁危害巢管内的花粉团及幼蜂。对捕食壁蜂的结网蜘蛛和跳蛛，可用人工捕捉法清除。在鸟类危害重的地区，可在蜂巢前拉张防鸟网。在成蜂活动期，不要随意翻动巢管，否则壁蜂难以找到自己定居的巢管而影响繁殖和访花。

⑦ 收回巢管　5月底至6月初收回田间巢管，剔除空巢管后，把有蜂的巢管放入纱布袋中。另有部分尚未封闭巢管管口的，可用棉球堵住，同时，将蜘蛛、蚂蚁逐出巢管，将这些巢管也放入纱布袋内。所有纱布袋吊在不放粮食杂物的通风、清洁的房间内，以防米蛾、谷盗、粉螨等粮食害虫的侵害。

五、红富士苹果主要病虫害防治技术

红富士苹果树的病虫害较多，病害主要有苹果轮纹病、苹果树粗皮病和苹果斑点落叶病 3 种，害虫主要有苹果桃小食心虫、苹果小卷叶蛾、金纹细蛾及绣线菊蚜 4 种。这给生产造成巨大损失，严重挫伤了果农栽培红富士苹果树的信心和积极性。为此，本章着重介绍这 3 种病害和 4 种害虫及其防治。

（一）苹果轮纹病及其防治

苹果轮纹病又称轮纹烂果病，红富士轮纹病是渤海湾果区（辽宁、河北、山东等）、黄河故道果区（江苏、河南、安徽等）以及近暖地苹果产区的重要病害。相对而言，在南方（浙江、江苏、安徽、四川、云南、江西等省）发病较重，而在北方（辽宁、河北、陕西、山西等省）发病较轻。黄河故道果区富士系是轮纹病的感病品种，比全国其他苹果产区都重。多雨年份，采收期烂果率 20％左右；贮藏期烂果率可达 30％～50％，严重时烂果率可达 60％。在辽宁省，以庄河、瓦房店等地红富士苹果受害最重。该病常给生产造成巨大的经济损失。

1. 病状

① 枝干染病后，以皮孔为中心，形成扁圆形或椭圆形红褐色瘤状突起，病斑直径为 3～20mm。随着病斑的扩大和老化，病斑质地坚硬，并逐渐凹陷，颜色变深，呈黑褐色，边缘龟裂，次年病斑翘起剥落。严重时，许多病斑连成一片，树皮显得粗糙，枝干由下而上病瘤叠起，枝条慢慢枯死。

② 果实在近成熟期和贮藏期发病，其典型症状是以皮孔为中心，发生水渍状褐色小斑点，并以同心轮纹状向外扩展，病部表皮下逐渐产生小黑点。这些小黑点，在高温下几天内可使全果腐烂，有酸臭味，病果腐烂后流水出汁，失水后变成黑色僵果。另一症状是由果实内部向外烂，果面上形成不规则的褐色云状病

斑,果内大部分果肉或全部果肉腐烂。

2. 病因与侵染规律

轮纹病菌是一种真菌,属半知菌亚门。病菌以菌丝体、分生孢子器及子囊壳在被害的枝干上越冬。菌丝体在枝干病斑上可存活4～5年,以2～3年菌丝体产孢能力最强。我国北方果区4～6月间产生大量分生孢子,随风雨传播,成为初侵染源。分生孢子从枝干和果实皮孔侵入,其传播距离不超过10m。渤海湾果区和黄河故道果区,枝干上5月上中旬开始出现新病斑。病菌潜育期为14天左右。病菌从谢花后的幼果侵入,但不马上发病。这是因为果实内有0.7%的酚,能抑制病菌的活动,迫使病菌先在皮孔腔内潜伏。随着果实的发育,果肉含糖量增至5%～6%时,菌丝才能吸收营养,当酚的含量降到0.04%以下时,菌丝才开始活动。病菌散发高峰是6～8月,形成大量病斑。如果条件适宜,病斑扩展很快,24h内可完成侵染。几天之内就使全果大部分腐烂。早期侵入幼果的病菌潜育期长达80～150天。而果实成熟期侵入的病菌,潜育期仅几天。因此,果实成熟期和贮藏期发病最重。轮纹病发病程度与以下因素有关。

(1)气候条件

幼果期高温多雨,病菌孢子散发量大,侵染频率高,发病也较重。果实成熟期高温、干旱,病害则会加重。

(2)高接砧树品种

红富士苹果树高接在不同的中间砧树品种上,其发病程度不同。以高接在国光苹果树上最抗病,高接于元帅系苹果树上较易感病。

(3)管理水平

果园管理粗放,肥水不当,偏施氮肥,土壤贫瘠有机质少,结果过量,病虫害严重,树势衰弱的果树病害加重。采取配方施肥,多施有机肥(压绿肥、压草、覆秸秆),土壤有机质含量1.5%以上的果园发病率低。

(4)果实生育阶段

幼果期果实抗病菌扩展而不抗侵染,果实发育后期抗病菌侵染而不抗扩展。因此,喷药重点应放在前期,一般在第一次春雨过后,气温达20℃时,是防治轮纹病关键时期。

(5)土壤状况

果园土壤黏重或瘠薄，地势低洼，通气不良，发病率则高。

3. 防治方法

(1)增强树势，提高抗病力

建新园时，要选用无病壮苗，精心栽植，保证幼树生长健壮。已建成的果园，要加强肥水管理，按科学配方施肥，重施有机肥，增加土壤有机质含量，以增强树势，减轻发病。

(2)刮除病疣

轮纹病初侵染源来源于枝干病疣。因此，刮除病疣是防治轮纹病的重要措施。

不用病区枝干作支柱，并及时处理修剪下来的病枝。在发芽前，彻底刮除枝干上的病疣、粗皮，然后涂刷硫菌灵油，即70%甲基硫菌灵可湿性粉剂与豆油或其他植物油按1∶(10～15)混合；从发芽前开始，连续涂刷2～3次35%轮纹病铲除剂50～100倍液加助剂害立平500倍液。在缺乏上述药剂时，也可涂抹50%胂·锌·福美双可湿性粉剂50倍液，或5波美度石硫合剂，或2%硫酸铜溶液消毒，均有良好效果。

重病果园，刮除病疣后，于发芽前，喷布1次腐必清乳剂100倍液，效果显著。5～7月重刮皮，以清除病组织，减少侵染源。

(3)果实套袋

果实套专用纸袋是防治红富士苹果轮纹病最为有效的方法之一。但套袋须在病菌初侵染前进行。套袋苹果生长期病果率一般可控制在5%～10%，与进行常规防治的不套袋苹果相比，其病果率减少20%～50%。

(4)及时处理病果

田间果实发病期间，经常检查病果，发现病果，应随时摘除并深埋。在条件允许时，采果10天后，将果实浸入仲丁胺200～300倍液中1～3min，然后入库贮藏，防病效果十分明显。在贮运过程中，发现病果，及时剔除。

(5)药剂防治

药剂保护的重点应放在前期：一是初侵染前，二是幼果期。从落花后5～7天就要喷药保护果实，以后根据降雨次数和药剂种类，每15～20天喷1

次，整个生长期内喷3～6次。目前用得较多的药剂是200～240倍的石灰倍量式波尔多液。其防治效果比多菌灵、灭菌丹、甲基硫菌灵、三乙膦酸铝提高1倍以上，也比高脂膜、代森锰锌效果好。但考虑后期用波尔多液会使果面留下药斑，也可将其与上述农药交替使用，并在药中加些粘着剂，以延长药效。除上述药剂外，有效的药剂还有胂·锌·福美双、百菌净、多种铜制剂，这些药剂交替使用，效果较好。为大幅度降低采收期烂果，可用50%多菌灵可湿性粉剂800～1 000倍液加90%疫霜灵可湿性粉剂600～700倍液，或35%轮纹病铲除剂300～400倍液，从发病初期开始，连续喷布2～3次，防治效果显著。在黄河故道果区，落花后10～15天喷多菌灵，5月下旬喷波尔多液，6月中旬喷胂·锌·福美双，以后每15～20天喷1次药。若与杀虫剂混用时，可用有机杀菌剂，如单用，还是应喷波尔多液。在喷有机杀菌剂时，分别混入1‰和0.5‰的黄腐酸盐，可延长药效，提高防治效果。每年喷药6次，多雨年份增喷1～2次，可将病果率控制在采收期为5%以下，贮藏期为15%以下。需要特别指出的是，采前半个月，必须喷1次防病杀菌剂，以降低贮藏期果实发病率。

据报道，用下述方法防治轮纹病效果也很好（试验园片烂果率为3%，对照园片为23%左右）。具体做法：发芽前刮病疣，全树喷1次5%菌毒清可湿性粉剂300倍液；花前喷1次50%复方多菌灵悬浮剂700倍液；花后1周，喷1次70%代森锰锌可湿性粉剂700倍液，5月下旬（花后半月左右）至6月中旬，连续喷2次200倍石灰倍量式波尔多液（间隔半个月）；麦收后（7月上旬）喷1次50%复方多菌灵悬浮剂700倍液；此后，再喷2～3次杀菌剂，但不喷波尔多液，以防早期落叶病。该病防治历主要抓前（早）期防治，这是一条重要经验。

另外，于5月中旬、6月中旬、7月中旬各喷1次800倍的50%复方多菌灵悬浮剂加400倍的80%三乙膦酸铝可湿性粉剂混合液，中期及7月后喷200倍石灰倍量式波尔多液，全年共喷8次药，采收期轮纹病病果率只有1%。所以抓前、中期防治，效果更佳，上述几例防治方法仅供参考。

关于防治苹果轮纹病药剂，由于砷制剂对环境污染严重，应改换更好的药剂。据研究表明，腐必清原油、柴油加五氯酚渗透剂铲除能力强，但应注意其对树皮的伤害；黄腐酸、黄腐酸盐是良好的增效剂；菌毒清、三唑酮、十三吗啉可替代砷制剂在果园中使用。

(6)贮果处理

采后将果实贮藏在1～2℃条件下，可抑制发病。采后用仲丁胺100倍液浸果1～2min，捞出晾干入贮，防病效果良好。

(二)苹果树粗皮病及其防治

1. 分布与危害

苹果树粗皮病是红富士苹果树的主要病害之一，它是一种因树体吸收过量锰或缺硼引起的生理病害。据辽宁省果树研究所调查，这种病害主要发生在辽宁省的沿海丘陵坡地(东沟、庄河、大连郊区、瓦房店、绥中、兴城等市县)。其发病指数为76.6%～100%，发病株率为90%～100%，辽宁各地发病率均较高。发病轻者，对树势和产量影响不大；发病重者，树势衰弱，不结果，甚至失去栽培价值。如兴城沙后所西关村果园，300株红富士苹果树，因粗皮病在栽后4～5年就相继刨掉。对生产危害很大。

2. 病因

国内外资料都指出，苹果树粗皮病是由于树体吸收过量的锰而引起的。感病树的叶片中锰含量均在0.04‰以上，健康树叶中锰含量都在0.035‰以下。此外，土壤中钙含量也与苹果树粗皮病的发生有直接关系。因钙与锰有拮抗作用，钙可以把果树容易吸收的2价锰变为不能吸收的4价锰。所以土壤中含钙量多，就不易发生苹果树粗皮病。另外，土壤中硼的含量与苹果树粗皮病的发生也有关系，因硼在树体内也对锰有抑制作用。所以，缺硼时，苹果树粗皮病严重。苹果树粗皮病的发生还与下列因素有关。

(1)红富士高接中间砧木的品种

红富士接在中间砧为金冠、红玉、国光等品种树上，苹果树粗皮病发病指数较低，高接在元帅系及祝光、青香蕉等品种树上，发病指数较高。发病指数高与叶中锰含量高有关，如高接在祝光上，其叶中锰含量为0.042‰；高接在旭苹果的果树上，叶中锰含量为0.091‰；高接在金冠和国光上，叶中锰含量各为

0.02‰和0.026‰。可见,不同中间砧树对红富士品种选择吸收锰是有显著影响的,因此粗皮病发病程度大不一样。

(2)土壤物理性质

在土壤质地黏重、排水不良、土壤偏酸、低洼地、贫瘠山地条件下,易发生粗皮病;而在土质疏松、排水良好、土壤微酸条件下,则不易感染此病。

(3)树势

树势强的病害轻,树势弱的病害重。高接树比栽植树严重,结果树比未结果树严重。

(4)物候期

从全年发生期看,虽然4～10月均可发病,但7～8月为发病高峰期。

(5)品种

从渤海湾果区的调查结果看,红富士最重,其次是红星、元帅、青香蕉、倭锦,国光和金冠发病较轻。

(6)施肥种类

连年大量施用无机肥的果园发病重,大量施有机肥的果园发病轻。

3. 病症

幼树和成龄树均可发病。一般发生在骨干枝和1年生新梢上,但以主干和5～6年生枝上发病较多。据研究观察,病症分以下4期。

(1)粒点期

最初发病是在枝条的皮孔部位冒出许多小粒点,直径1mm以下,稍微突起。

(2)泡疹期

随枝龄增加,小粒逐渐扩大成泡疹状,表面突起1～2mm,病斑直径为3～5mm,在2～3年生枝上病斑居多。这些小病斑逐渐扩大至表皮破裂,外翻,呈米花状。

(3)凹陷期

当病斑直径扩大到5～10mm时,中间凹陷,呈圆形或扁圆形,皮层坏死,部分韧皮部变暗褐色。主要分布在3～5年生枝上。

(4)粗糙期

许多病斑扩大连接起来,皮层变为暗褐色枯斑,表面呈纵横裂纹,韧皮部死亡一部分或全部，出现粗皮状；剥去病皮，内侧有黑色坏死点。苹果树粗皮病后期症状与轮纹病难分。苹果树粗皮病在红富士树上主要有两种：一种是发病前期突起明显，后期病斑呈米花状，高达3～5mm；另一种是发病前期呈连片状小突起，后期病斑纵裂连片，高1～2mm。

4. 防治方法

(1)改良土壤

栽树前在园内施用石灰，以中和土壤酸性，黏重土壤掺沙，可增加土壤通透性。建园前，深翻改土，熟化土壤，大量增施有机肥，以减少2价锰离子的含量。

(2)选择建园

易感粗皮病地区，最好直接栽红富士建园，不搞高接换种；必须高接换种时，尽可能适用抗性强的中间砧品种。

(3)增施钙、硼肥

施肥时，可选用过磷酸钙、硅钙镁复合肥及钙镁磷肥。根据随土壤酸度的提高而活性锰含量增加的特点，对发病园，除不施生理酸性肥料外，还要利用生石灰、消石灰、碳酸钙等石灰质肥料中和土壤酸性。在增施有机肥时，掺入适量硼砂，也可叶面多喷几次0.3%磷酸二氢钾溶液。据试验，施用硅钙镁肥，红富士处理树比对照病疤愈合率提高19.6%～34.8%。

(4)加强土壤管理

土壤过湿和通气不良都会加剧病情，因此应注意雨季排水。此外，坚持每年深翻熟化土壤，大量施用有机肥，少用或不用化肥，促进土壤理化性质的改善，从而减轻发病。

(5)保持健壮树势

除上述措施外，要严格疏花疏果，保证适量结果；每年修剪时，掌握好修剪程度，不宜修剪过重或断根太多，对先端枯死或病皮龟裂严重的病枝要细致剪除，以新枝、强枝、健康枝取而代之。

(6)加强药剂防治

用石硫合剂涂抹病部防治效果较好。用5波美度石硫合剂或原液涂抹，能增加树体的含钙量，且可防止其他病菌侵染。在春夏秋3季涂几次，效果良好。

使用时,先将麻袋、布绕树干铺好,后用刮刀将枝干上粗皮、病皮刮到韧皮部,切忌露出木质部,细致操作,保持内皮光滑。刮皮后,立即用石硫合剂涂抹。将麻袋、布接着的病皮移出园外,烧掉或喷杀菌剂后深埋。4月上旬至下旬刮后,当年7月可基本愈合。防治效果十分显著。

(三)苹果斑点落叶病及其防治

1. 分布与危害

该病在渤海湾、黄河故道地区大部分果园发生较多,且程度较重。在西北黄土高原果区也有零星发生,但程度较轻。在宁夏黄灌区,红富士苹果树是苹果斑点落叶病的感病品种,病叶率达30%~39%,但每叶病斑较少(1~2个)。该病严重时可导致早期落叶、落果,并进行二次发芽、开花,严重削弱树势,降低产量和品质。

2. 病因

该病是由苹果链格孢菌的强毒株系侵染所致。病菌分生孢子和菌丝在无伤条件下可以侵入叶片,潜育期3~5天,夏季高温(28℃)季节潜育期在24h之内。该病菌主要侵染红富士幼叶,发病早、扩展快、再侵染多。病菌分生孢子和菌丝的发育适温为25℃~28℃、相对湿度为98%~100%,如果温度降至15℃以下、相对湿度在84%以下时,孢子及菌丝发育会受抑制。

3. 症状

该病主要危害叶片,也能危害嫩梢和果实。发病初期,嫩叶上出现褐色至暗褐色圆形斑点,有的呈不规则形,斑点直径为2~3mm,后扩大为5~6mm。细看病斑呈红褐色,边缘为紫褐色,有时中央有一深褐色小斑点,其外围有一深褐色环纹,状如鸟眼。天气潮湿时,病部正面及背面出现黑色霉状物。此为病菌的分生孢子梗及分生孢子。发病中后期,一些病斑扩大为不规则形,中央部分多呈灰色至灰褐色,其上散生数个小黑点,此为二次寄生菌的分生孢子器。夏季高温多湿时,病斑迅速扩大,往往多个病斑连成片,形成不规则形褐色大病斑,长达几十毫米(有时出现穿孔),重的叶片焦枯早落。夏秋季节叶柄受害,发生椭圆形暗褐色病斑，病斑稍凹陷，叶片变黄脱落。秋梢嫩叶染病严重，一片叶上，往往出现数十个病斑，许多病斑连在一起，使叶尖干枯，造成叶片扭曲、畸形、破裂穿孔，易发生叶片残缺、干枯、早落的情况。内膛1年生枝、徒长枝多以皮孔为中心，皮目突起，芽周变黑，凹陷坏死，边缘龟裂。

幼果染病，多以果点为中心，从幼果至成熟期均能受害。幼果染病时，先在果面上形成小斑点，斑点呈褐色、圆形，直径为1～3mm，有的达5mm以上。7～8月染病时，以果点为中心，形成灰褐至黑褐色斑点。快成熟果被害，多为黑色褐变型。有的斑点外有一圈红晕。有时果心染病，成为霉心病的一种病原。

4. 发病规律

病菌以菌丝体在病叶、枝条病斑、芽鳞和皮孔中越冬。次年春，苹果开花前后，由于温湿度适合，便形成大量分生孢子，借风雨传播，成为当年病害的初侵染源。病菌经叶片气孔、绒毛、角质层等部位直接侵入。一般花前就有较多孢子传播，5月中旬就始见极少数侵染的褐色病斑，直径为0.1～0.2mm；5月下旬，病斑大量增加，早形成的病斑直径扩大到2～2.5mm。6月上中旬，由于田间湿度大，多数早形成的病斑能够产生孢子，即当年田间再侵染菌源。7月上中旬孢子量出现第一次高峰。由于秋梢嫩叶大量染病，秋梢受害最重。9月病情发展趋缓，10月上旬前后，孢子量又出现第二次高峰。据观察，在辽宁兴城，5月中旬左右出现病斑，5月末至6月病斑增多，7月10日至8月下旬为发病盛期，重病园8月中旬后大量落叶。在青岛地区，落花后即见病叶，6月中旬发病剧增，8月上中旬开始大量落叶。斑点落叶病的发病与下列因素有关。

(1)温湿度

发病情况与降雨密切相关，阴雨天多，降雨量大，该病则发生早、病势重、发病期长，受温度影响则较小。据报道，5月上中旬，平均气温在20℃左右，1次降雨量或连续降雨在10mm左右时，即构成了苹果斑点落叶病发病的条件，而发病的早晚与此期降雨早晚有密切关系。

(2)品种

对苹果斑点落叶病的抗病性，各品种间差异较大，在北京地区，红星、青香蕉、倭锦、富士等品种较易感病，其次是金冠、国光，而早熟品种祝光、伏花皮比较抗病。从感病品种叶片状况上，叶背绒毛多的，感病重，因为这种叶子有利于保温，也有利于病菌孢子附着，从而增加了病原菌对叶片的感染机会。

(3)树势

树势强，发病轻；树势弱，发病重。在同一株树上，枝势强发病轻，枝势弱发病重。嫩叶极易染病，展叶20天后，病菌侵染困难。

5. 防治方法

(1)清除菌源

落叶后至发芽前，清除落果，剪除病枝，集中处理，减少菌源。

(2)增强树势

加强树体管理，增施农家肥，克服大小年现象，通过修剪，改善个体与群体通风透光条件，创造不利于病害发生的温湿度条件，同时提高树体自身的抗病能力，是防治该病害的基础条件。

(3)药剂防治

① 5月中下旬至8月中旬为喷药保护期。目前，常用的药剂有波尔多液、多菌灵、胂·锌·福美双等，但它们对防治该病效果很差。据青岛等地试验，对该病防治效果较好的药剂有10%多抗霉素可湿性性粉剂1 000～1 500倍液，或50%异菌脲可湿性粉剂1 000～1 500倍液。在施药过程中，病菌对上述两种药易产生抗药性，可与波尔多液交替使用。在发病盛期前和发病盛期喷2～3次上述药剂，均有良好的防治效果。在无上述药剂时，也可用90%三乙膦酸铝可溶粉剂1 000倍液，或20%敌菌酮300倍液，或75%百菌清可湿性粉剂800倍液与波尔多液交替喷布，效果也可以。

② 当5月一次降雨10mm左右时，应立即喷药防治。可喷10%多抗霉素可湿性粉剂1 000倍液两次，防治效果在91.4%～93.0%。这些药剂用于秋梢防治也可收到较好的效果。后期防治为保护叶片，交替使用多抗霉素与波尔多液，但第一、二次防治必须使用多抗霉素，以保护春梢叶片。多抗霉素属抗菌素类杀菌剂，对人畜无毒，对植物安全。

③ 在斑点落叶病药剂防治试验中，乙铝·锰锌防病效果最好，平均防效达到

79.1%～82.4%；其次是代森锰锌，平均防效为 75.6%～79.6%；三乙膦酸铝平均防效为 68.4%～70.9%；吗胍·乙酸铜平均防效为 69.5%～73.2%。这 4 种药对苹果斑点落叶病都有较好的防治效果。

④ 在沙滩果园，应于花前 4～5 天，对全园喷洒广谱性杀菌剂，保护第一批老叶，5 月下旬喷 50%异菌脲可湿性粉剂 1 000 倍液，重点保护春梢叶。6 月上旬喷 1∶2∶180 倍波尔多液；6 月下旬、7 月中旬各喷 1 次 10%多抗霉素可湿性粉剂 1 000 倍液；采收前，全园喷 1 次除波尔多液以外的杀菌剂，以减少越冬病源。

⑤ 在连续 4 年田间试验中，319 菌株对该病有明显的防病效果。319 菌株是一种芽孢杆菌，可与微肥、植物生长调节剂、化学农药(杀细菌剂除外)等混喷。无污染和无残留，又可促进生长，改进品质，有利于无公害果品的生产。单用或与其他有促进生长作用的菌株合用，处理后的果树病情指数可减轻 60%～70%，落叶明显减少，叶色较绿，果实着色好，效果较稳定。大面积应用时，于开花前喷施 1 次，落花后喷 2～3 次(间隔 20～30 天)，可以控制斑点落叶病不致成灾。

(四)桃小食心虫及其防治

桃小食心虫属鳞翅目，果蛀蛾科。别名桃小实蛾、桃蛀虫，简称桃小。

1. 分布

主要分布在我国北方苹果产区，如辽宁、河北、山东、内蒙古、北京、山西、河南、陕西、青海等地。四川、江苏、安徽也有分布。

2. 症状

幼虫蛀入幼果，蛀入孔针眼大小，不久，从蛀孔流出白色胶状物，干后呈白色蜡质膜。随果长大，蜡质膜周围凹陷，变成黑色。果实发育前期，果肉被虫纵横串食，果形不正，果面凹凸不平；后期果肉中有大量虫粪，形成豆沙馅样，并有幼虫脱果。

3. 形态特征

桃小食心虫的形态特征如图5-1所示。

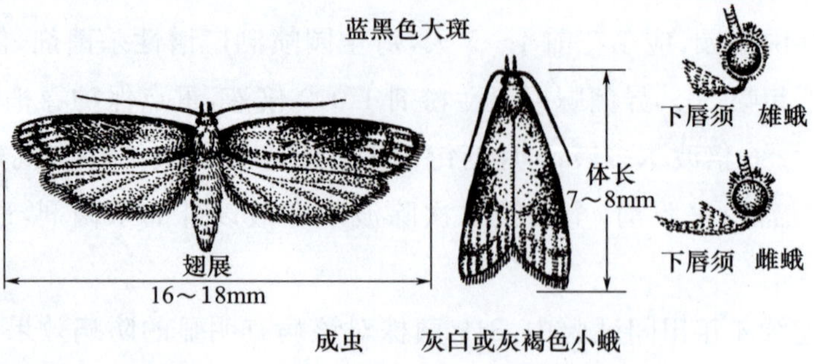

图5-1　桃小食心虫形态特征

4. 防治方法

(1)农业防治

冬季翻耕树盘，将越冬幼虫深埋土中，地面覆膜，阻挡越冬幼虫出土和羽化。摘除和检拾虫果，可降低虫口基数。果实及时套袋，可有效减少桃小食心虫的危害。

(2)生物防治

可喷阿维菌素、Bt生物杀虫剂、绿僵菌、白僵菌等生物农药，也可人工释放赤眼蜂等天敌(中国齿腿姬蜂等)。

(3)药剂防治

① 树盘防治　当幼虫出土量突然增加时，可用40%毒死蜱微乳剂300倍液，均匀地喷于树盘内。

② 树上防治　当卵果率达1%～1.5%时，立即喷施2.5%高效氯氟氰菊酯水乳剂3 000～4 000倍液，或20%甲氰菊酯微乳剂3 000倍液，或2.5%高效氟氯氰菊酯乳油3 000倍液，均有较好防效。

(五)苹果小卷叶蛾及其防治

苹果小卷叶蛾属鳞翅目，卷叶蛾科。又名苹小卷叶蛾、茶小卷叶蛾，俗称舐皮虫。

1. 分布

在我国主要分布在东北、华北、华中、华东、西北、西南等地。

2. 症状

芽受害，叶纵卷，数叶连在一起，或将叶咬成网状，形成空洞。果实上果皮被啃伤，形成干疤，遇雨易腐烂，或造成果实脱落。

3. 形态特征

苹果小卷叶蛾的形态特征如图 5-2 所示。

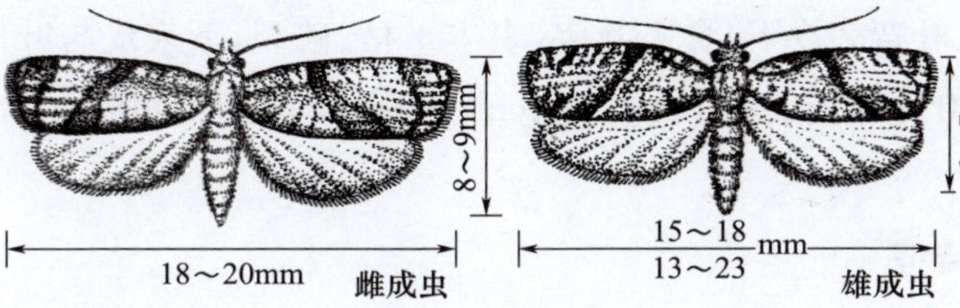

图 5-2　苹果小卷叶蛾形态待征

4. 防治方法

(1)农业防治

早春刮树干翘皮，消灭越冬动虫。生长期人工捕捉卷叶中的幼虫。

(2)生物防治

放蜂防治，在越冬代成虫产卵盛期，释放松毛虫赤眼蜂进行防治。在成虫出现高峰后第 3 天开始放蜂，以后每 5 天放蜂 1 次，共 4 次。第一次 500 头，第二次 1 000 头，第三、四次均为 500 头。也可用苹果小卷叶蛾性外激素诱捕器诱蛾。

喷施苏云金杆菌、杀螟杆菌、白僵菌等微生物农药，也可防治幼虫。

此外，要利用好其他天敌，如拟澳洲赤眼蜂、卷叶虫绒茧蜂和多种捕食性蜘蛛等。

(3)化学防治

越冬幼虫出蛰期和各代幼虫孵化期为树上喷药适期。在结果树上，越冬幼虫出蛰期的防治指标是每百叶丛有虫 2～2.5 头时，便开始喷药防治。药剂可用

35%氯虫苯甲酰胺水分散粒剂5 000倍液等。

(六)金纹细蛾及其防治

金纹细蛾属鳞翅目,细蛾科。又叫苹果细蛾。

1. 分布

在我国主要分布于辽宁、山东、河北、河南、山西、陕西、甘肃、安徽、江苏、贵州、四川等地。

2. 症状

幼虫蛀入叶背表皮下,食害叶肉,表皮干枯、破裂,下表皮与叶肉分离,叶背形成一皱褶,叶正面有虫斑,长度约1cm呈梭形,呈透明网眼状,虫斑内堆有黑色虫粪。

3. 形态特征

金纹细蛾的形态特征如图5-3所示。

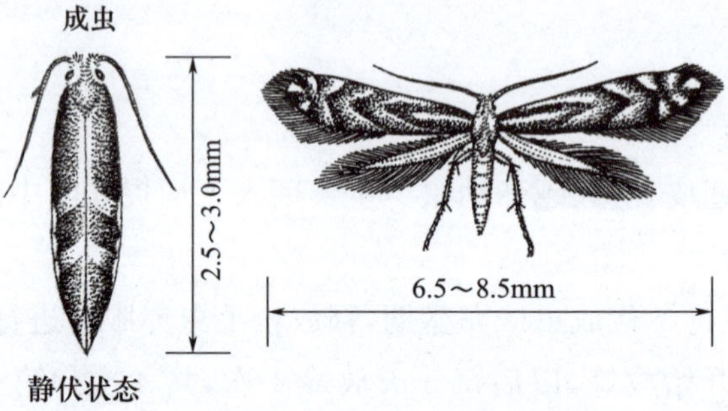

图5-3 金纹细蛾形态特征

4. 防治方法

(1)农业防治

落叶后,搞好清园,结合秋施基肥将枯枝落叶深埋,消灭叶中越冬蛹。

(2)生物防治

金纹细蛾有30多种寄生蜂,以金纹细蛾跳小蜂、金纹细娥姬小蜂、金纹细蛾绒茧蜂、羽角姬小蜂为主，各代总寄生率达 20%～50%。其中，跳小蜂寄生率最高，越冬代约 25%，在多年不喷药的果园，其寄生率可达 90%以上。

(3)化学防治

在成虫发生量连续 3 日呈直线上升时，可用农药防治。药剂有 35%氯虫苯甲酰胺水分散粒剂 20 000 倍液，或 1.8%阿维菌素乳油 3 000 倍液，或 25%灭幼脲悬浮剂 2 000 倍液。

(七)绣线菊蚜及其防治

绣线菊蚜属同翅目，蚜科。又名苹果蚜，俗称腻虫、蜜虫。

1. 分布

分布于我国东北、华北、华东、华中、西北、西南各省苹果产区。

2. 症状

被害叶尖向背面横卷，严重时，新梢叶片卷缩，渐枯死，引起落叶。

3. 形态特征

绣线菊蚜的形态特征如图 5-4 所示。

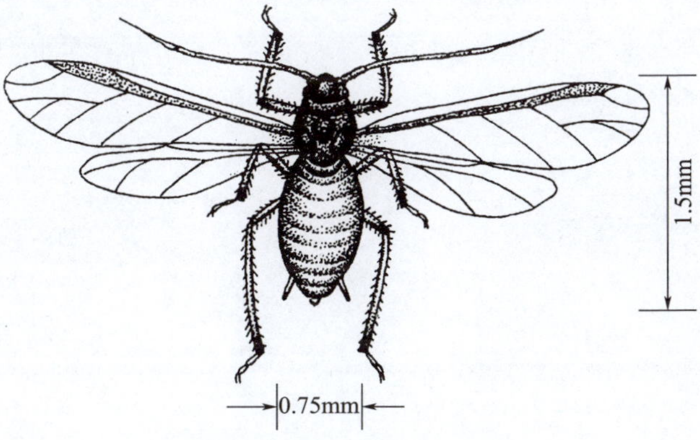

图 5-4 绣线菊蚜形态特征

4. 防治方法

(1)保护和利用天敌

绣线菊蚜的天敌有25种以上,如七星瓢虫、异色瓢虫、大草蛉、中华草蛉、六斑食蚜蝇、苹果瘤蚜小蜂、小花蝽等。每667m^2释放300头瓢虫或草蛉等,效果较好。

(2)人工防治

结合夏剪,剪除被害新梢。冬季刮老树皮消灭越冬卵。

(3)化学防治

① 发芽前　喷施5%的机油乳剂,消灭越冬卵。

② 生长期　喷施3%啶虫脒乳油1 500倍液,或50%抗蚜威可湿性粉剂800~1 000倍液,或10%吡虫啉可湿性粉剂5 000倍液等。

六、红富士苹果防灾减灾技术

大量生产实践证明，红富士苹果树比国光、元帅系的苹果抗寒性差。在其栽培北界附近，常遇到寒流侵袭，冬季温度过低，或早春剧烈变温，常有抽条和冻害发生。即使是中部（黄河故道）果区，11 月中旬如遇到几十年未遇的低温寒流（－17℃左右），也会发生冻害，造成苗木和幼树受冻、死亡，给苹果生产带来难以弥补的损失。北方苹果产区一般有寒害周期（五年轻冻，十年大冻），应该引起足够的注意，做好预防措施，将生产损失降到最低限度。

（一）抽条及其预防

抽条又称生理干旱或冻旱，是指幼树越冬后枝条干缩、死亡的现象。这在华北、东北、西北部干旱、春天风大的果区，常有发生，而且有时相当严重，尤其 2～3 年生红富士树受害最重。幼园受害后，植株参差不齐，严重时大部分死亡，全园报废。

1. 抽条症状

先从枝条成熟度差的枝条顶部开始，逐渐向下抽干。外观无斑痕，只是枝条干枯、皮皱，而组织并不变色。春季萌芽期，芽子不能萌发。

2. 抽条原因

红富士幼树枝条在越冬期含水量下降，严冬期束缚水含量低，持水力较弱；由于淀粉和蛋白质水解作用变弱，可溶性糖含量快速降低，不利于原生质胶体的水合作用。另外，红富士枝条单位面积表皮上皮孔多、皮孔大、角质层不发达、类脂物积累少，越冬期易失水。这些生理特性是造成其容易抽条的内部原因。从环境条件来说，冬末春初，天气转暖，树体上部枝条解除休眠，开始较强的生命活动（蒸发水分、呼吸作用等），而根系仍处于冻结或低温状态，不能吸收水分或吸收的水分不能满足树体大量蒸腾的需要，所以枝干会出现皱皮、干缩、死亡。这种现象先从成熟度差的1年生枝顶端开始，逐渐波及粗的枝干，一般称为越冬抽条。

3. 预防措施

(1)适地建园

根据各地区划，大面积发展红富士，只能在1月平均气温−9℃线以南地区，或考虑温量指数在85℃以上的地区栽植。小范围发展，可选择小气候好、背风向阳、地下水位低、土层深厚、土质疏松的地段建园，不宜在阴坡、高水位、瘠薄地建园。

(2)选用抗寒砧木

一般选用山定子、海棠、陇东海棠、西府海棠、倒挂珍珠等抗寒性强的砧木，红富士树的抗寒性也会相应提高。

(3)保持树势中庸健壮

栽后前5年，幼树抽条率高。为此，对幼树应合理施肥、灌水，前促后控，控制氮肥，增施磷钾肥，以农家肥为主，化肥为辅。适时适度环剥，控制营养生长，应用植物生长调节剂，如早春土施或6月上中旬喷施1 000～1 500mg/L多效唑；若8月中下旬秋梢太旺，视树势再喷1次600～1 000mg/L多效唑，可促使秋梢停长。采取综合措施，控制1～3年生树外围长枝以70cm左右为宜，长枝率占30%以上较好。盛果期树，要保持中庸偏强，外围枝以40cm左右为宜，长枝率占15%左右、短枝率70%左右较好。弱树细弱枝多，越冬抽条严重，要减少刻剥次数或不刻剥，以利恢复树势。

(4)防护措施

① 羧甲基纤维素(CMC防冻保水剂)　据报道，北京市顺义区林业局在红富士苹果幼树上连续几年喷布羧甲基纤维素，防止抽条效果可靠而稳定。每年2月和3月喷布羧甲基纤维素100～200倍液，植株无一抽条。也可使用羧甲基纤维素50倍液涂抹枝干，效果也很好。

② 保水剂　保水剂是一种石蜡乳化液，喷到树上，形成一层既能防止水分蒸发，又不影响枝条正常呼吸作用的白色保护膜。一般在11月中下旬和3月，

喷布保水剂 5～10 倍液，对于 1～3 年生幼树，防抽条效果较好。发芽前喷布比落叶后喷布效果更好，与对照对比，发芽前喷布与落叶后喷布抽条指数平均分别降低 27.80%和 22.03%。另据报道，2 年生红富士苹果树落叶后喷洒保水剂原液，抽条指数可降低 22.25%，发芽前喷洒可降低 22.61%；落叶后喷洒保水剂 5 倍液，抽条指数可降低 12.62 %～14.79%，枝条冻害指数可降低 11.94%；发芽前喷保水剂 5 倍液，可使枝条冻害指数降低 8.64%；落叶后喷布保水剂 7.5 倍液，可降低枝条冻害指数 12.13%；发芽前喷布保水剂 7.5 倍液，可降低抽条指数 15.19%～17.93%，降低枝条冻害指数 10.97%。此外，以保水剂 10 倍液喷洒 1 年生红富士苹果苗，可提高成活率 11.25%；喷布保水剂 20 倍液，可提高成活率 6.63%。

用保水剂 5 倍液涂抹苹果高接接穗的顶部，可提高嫁接成活率 3.26%；以保水剂原液涂顶，可提高成活率 8.14%；以保水剂 5 倍液涂抹接穗的全部，可提高成活率 13.41%；以保水剂原液涂抹全穗，可提高成活率 21.78%，并可提早发芽 7～10 天。保水剂喷到树上后，可形成一层白色保护膜，落叶后喷洒，可存留 70～80 天；发芽前喷洒，可存留 25 天；涂抹接穗可存留 20 天，之后风化为白色粉状物，无毒害。

③ 高脂膜　高脂膜对防抽条也有一定效果。北京市房山区在 2 月中旬至 3 月中旬，对红富士苹果幼树喷 2 次高脂膜 200 倍液，取得了较好的防抽条效果。

④ 树干涂白　树干涂白对防止抽条仅起一定作用。涂白剂配方：生石灰 5kg、食盐 0.5kg、水 15kg 左右、细豆面 0.25～0.5kg 或 600 倍“6501”粘着剂。配制法：将生石灰、食盐放入缸中，后倒入水，待石灰熟化后，再倒入粘着剂，搅匀后可用。涂枝干时，要注意枝、干南面要涂周到均匀。

⑤ 缠塑料膜条　栽后 1～2 年生树，枝条少，可用 2～3cm 宽的塑料膜条缠严，防抽条效果相当明显。

⑥ 埋土　新栽幼树入冬前，可顺地面弯倒埋土，防抽条效果可靠。

⑦ 覆地膜　在早春地未化冻前，用 1m^2 左右大小的地膜，覆盖在树盘上，以增温促进根系活动，消除生理干旱现象。

⑧ 培土埂　在入冬前，于树干西北方向修筑一个半月形土埂，土埂高度

30～60cm,距树干 50～80cm。

⑨ 营造防风林　在迎风面营造果园防风林,以降低风速,减少蒸发,保护果树。

⑩ 早春增温　如顶凌刨园,勤锄地,盖地膜,以促进根系活动,增加吸水量。

⑪ 灌水　春、秋干旱地区,封冻前灌 1 次封冻水;早春解冻前,灌 1 次解冻水,为不影响地温,应于 3 月初前灌完。

(5)抽条树的管理

萌芽后,剪除已抽干枯死部分。下部潜伏芽易抽生许多徒长枝,应从中选位置好、方向合适的留下,培养成骨干枝,以恢复树冠。具体做法是:对于 1 年生枝、部分骨干枝和中央领导干上部抽死的,在萌芽时,从健部剪掉抽干部分,伤口涂保护剂,以减少水分蒸发。以后从枝干上萌生的旺梢,应于 30～50cm 时摘心,以促生副梢,迅速恢复树冠,抑制再度旺长。在抽梢恢复的当年,应控制氮肥和大量灌水,以防再次抽条。对于从根颈以上抽干的树,除需从树干锯除上部外,待从下部齐地面萌生许多徒长性新梢后,选其中 2～3 个旺梢加以培养,余者疏除。夏季从中再选留 1 个中央领导梢,对其余几个新梢进行连续摘心,以控制其生长。当幼树按细长纺锤形整形时,对中央领导梢可不必摘心,令其自然单轴延伸,以长成粗壮的领导干,其上部秋季可能发生 3～4 个副梢,应及时去掉,保持领导梢直立向上,坚强有力,对于中、下部的较弱副梢,角度又好的,可令其自由生长。这样处理后,整形成的细长纺锤形较为理想。如果整形成小冠疏层形,可在 70～80cm 高度,对中央领导梢进行摘心,以促发分枝(以后的主枝)。其余新梢经过连续摘心控制,可保留 1～2 年,待主干伤口愈合后,便可疏除。

(二)冻害及其预防

1. 冻害症状

红富士苹果树不同部位和器官的耐寒力不同,一般枝干髓部耐寒力最差,皮层、形成层的耐寒力依次增强。苹果树枝干冻害,包括冬季绝对最低温度太低造成广泛性冻害和晚秋、早春温度剧变所造成的形成层冻害两种。

多年生枝冻害,多为皮层局部冻伤,死组织下陷,变褐。在多年生枝基部或枝杈间，因其组织抗寒性差，最易受冻，表现为皮层和形成层变褐，而后干枯凹陷，与健部界限明显。主干受冻严重时，树皮纵裂，部分干枯翘起，或沿裂缝向外卷折，逐渐枯干死亡。

一年生枝冻害，表现为自上而下脱水、干枯，皮层和木质部很少变色，但髓部变褐。

花芽受冻，多在春季转暖期受冻后发生。受冻花芽表现芽鳞松散，甚至干尖。萌芽后，芽不萌发，逐渐干枯死亡，或微弱萌发，不能开花抽梢。

根颈受冻表现为皮层、形成层变褐、腐烂，树皮易剥离，严重冻害时，全树死亡。

2. 冻害原因

冻害是指休眠期受零下低温的影响而引起的伤害。发生冻害的原因，除品种抗寒性弱以外，一般是入冬前树体内营养物质贮藏不足，秋季新梢结束生长晚，组织不充实，没经过抗寒锻炼，抗寒性弱，抵御不了冬季低温的侵袭，因而受害。但不同部位受冻原因也不一样。

(1)枝干冻害

常因冬季太冷，绝对最低气温降到－25℃时，使枝干发生一定程度的冻害；当最低气温降到－30℃时，则发生严重冻害。最低气温降到－35℃时，则全树被冻死。主干皮层冻裂的原因是由于气温急剧降至零下，树皮迅速冷却收缩，造成主干树皮内外张力相差悬殊，因而由外向内开裂。冻裂多发生在夜间，随气温转暖，还可逐渐合拢。

(2)根颈冻害

苹果树根颈停止生长最晚，休眠最迟，而解除休眠和开始活动又早，在突然降温时，根颈尚未进入休眠，加上近地表变温剧烈，所以最易受冻。

(3)花芽受冻

花芽是全树抗寒力最弱的器官。其分化越完善，抗冻性越差。花芽活动与萌发越早，遇早春回寒，就越易受冻。苹果花期受冻的临界低温：花蕾期为－3.85～－2.8℃，开花期为－1.6～2.2℃。

3. 防冻措施

红富士应在1月平均气温－9℃以南地区栽培；在－9℃温度线以北地区，要选小气候好、不易发生冻害的地段栽植,或用砧木建园法栽植。修剪时注意控前促后,提高抗寒力,其措施同防抽条。

4. 受冻树的管理

(1)受冻树的嫁接处理

① 树干全部受冻,根系完整无损的,可齐地面锯除地面以上部分。3月底至4月初,用劈接、皮下接法重新嫁接。视树干粗度嫁接1～4个接穗。每穗留3～5个芽;如果是1～3年生幼树主干受冻,可平茬再发,留下1个萌枝,重新培养成一株树。

② 树干好皮占一半以上的树,在受冻一面桥接1～3根接穗;如果受冻面在一半以上,必须重新嫁接。

③ 受冻红富士苗,如果是品种部分受冻,可平茬再发;嫁接芽存活的照常剪砧。

④ 重接嫁接树的管理。当新梢长到30cm长时,抹芽、解绑、立支柱。将来从中选一强壮的培养树冠。长到75cm时,定干摘心,当第二次梢长到50cm时,再次摘心。其余枝长到50cm长时摘心控长。

(2)部分受冻树的管理

① 防止腐烂病大发生。发芽前,喷多效灭腐灵100倍液。发芽后刮去冻死的树皮,涂843康复剂。生长季每半月用1次治疗腐烂病的药剂,对枝干基部消毒1次。

② 展叶后每7～10天喷1次0.5%尿素,连喷4～5次。其中加喷光合微肥、叶面宝、喷施宝、林果宝等。

③ 尽量减少伤口,防止水分散失。以轻剪为原则,除剪除冻死枝外,缓放一部分枝条,延长枝回缩到抽出旺枝的部位。

(3)芽子受冻树管理

顶芽、侧芽全部受冻,应加大肥水供应,促进隐芽、副芽萌发,重新培养枝组。

(4)病虫害防治

加强病虫害防治,保全叶子,增加光合产物,重建树体。

(三)雹灾及其预防

我国苹果生产面积和产量居世界主产国之首。近年,苹果产区气候多变,许多果区常遭冰雹袭击,造成不同程度损失,轻者叶片破伤,果面布满雹点。如陕西省三原县马额镇郭战虎红富士苹果园,2008 年 6 月初遭受雹灾,当年 1 200m^2 苹果园收入仅 16 万元,如果不遭受雹灾,可能卖到 26 万元。遭受冰雹较重者,树皮破损、枝断,病害增加,即使果实套袋,套袋也被打破,果肉被打碎。

1. 冰雹发生规律

冰雹发生是有规律的。以陕西省延安市为例,冰雹发源地有 3 个:白于山北、子午岭西、黄龙山南。各有分布路径,如子午岭西发源地有两条路径:黄陵一洛川一黄龙;富县一黄陵一洛川一黄龙。黄龙山南发源地也有两个路径:洛川一富县一甘泉;黄龙一宜川。

2. 防雹措施

(1)发射防雹炮弹

在冰雹线上设防雹炮,在黑云压城、冰雹来袭时,发射防雹炮弹,还是可以防止雹灾袭击的。

(2)搭建防雹网

防雹网是防雹最有效措施。4 月 10 日前及早搭建屋脊面半自动或全身动智能防雹网。11 月月底前收卷。

(3)果实套袋

通过果实套袋可明显减轻冰雹的袭击,保留部分好果,提高好果率。

(4)多留枝叶

适度多留些枝叶,可减轻冰雹袭击所造成的伤害。

(5)参加农业保险

凡能办理农业保险地区(如北京、延安),应尽可能早投保,如遇雹灾,还可得到部分保险补偿,减少损失。

3. 雹灾后的管理

雹灾后,针对灾情轻重,应分别采取补救措施。

(1)轻灾园

及时清园,集中销毁,隔离病原。及时补肥,追施果树专用肥、复合肥,挂果树每株沟施 0.5~1kg。树上喷 0.2%~0.3%磷酸二氢钾或氨基酸叶面肥,也可喷施芸苔素内酯、天达 2116 等,连喷 2~3 次。喷杀菌剂,保护伤口。

(2)中度雹灾园

抓紧时间排水,不让根系窒息。搞好清园,处理好伤果,疏、缩受伤严重的枝条,大伤口涂药后包扎塑料膜促进皮部愈合,全园喷多抗霉素、苯醚甲环唑等农药加以保护。及时中耕松土,促根生长。追肥同上。

(3)重度雹灾园

清园、排水,摘除破果断枝,及时处理较大伤口,全园喷杀菌剂(同中度雹灾园)。中耕松土,株施果树专用肥 1~2kg,浅沟施入。修整沟渠等防雹设施。

(4)极重雹灾园

加大清园、排水力度,疏除创部伤残果,注意保护伤口、防治病虫害,加强肥水供应,严重者挖除全园,来年大苗建园,快速恢复园貌。

(四)霜害及其预防

1. 霜害发生的原因

北方苹果产区,冬春温度变幅大,尤其春季气温回升快,但时有寒流来袭,气温骤降,出现霜冻,使花、果受到危害,当年产量剧降,给生产带来巨大损失。

2. 霜害的预防措施

(1)提高果树自身抗性

① 8~9 月或采后,增施生物有机肥、复合肥、中微量肥等。

② 萌芽前 15 天开始,全园喷 1%~2%尿素+0.3%~0.4%硼砂,间隔 5 天喷 1 次,共喷 3 次,提高树体营养水平。

③ 落叶前 20~25 天,全园喷洒 1%~3%尿素,间隔 5~7 天喷 1 次,可提高

树体贮藏营养水平。

④ 采后至落叶前，在做好清园的基础上，全园喷 1 次高效杀菌剂，如丙环唑、戊唑醇、甲基硫菌灵等；喷 1 次高效杀虫剂，如毒死蜱、高效氟氯氰菊酯等。

⑤ 清园后，全园喷 1 次石硫合剂，并进行树干和主枝涂白，保护枝干免遭日灼，也可防虫、防冻、防病菌。

(2)推迟物候期

① 花前灌水 2～3 次，可降低地温，延迟开花 3～4 天，躲过霜冻。

② 树盘覆盖地膜或作物秸秆、杂草等，也可降低地温，推迟萌芽开花。

③ 树干、主枝涂白，可降低树温，延迟树木萌芽开花 3～5 天。

④ 萌芽后，喷布适宜浓度的乙烯利、萘乙酸等，如喷萘乙酸 1 000～1 500 倍液，能延迟开花期 5 天左右。越冬前或萌芽前树冠喷布萘乙酸钾盐(250～500mg/kg)溶液或顺丁烯二酸、酰肼、MH-30 0.1%～0.2%溶液，可推迟花期 3～5 天。萌动初期喷 0.5%氯化钙溶液后，可推迟花期 5 天。

⑤ 在顶花芽中心花受冻时，可利用晚开的边花、腋花芽或弱枝上的花。

(3)晚霜来临时的防护

① 树冠喷水　霜冻来临前一天下午，喷 0.5%蔗糖水，防霜效果更好。

② 喷防冻剂　霜冻前 2 天，对树体喷 0.3%磷酸二氢钾+0.3%尿素、碧护，还可用芸苔素内酯 3 000 倍液，或海藻素 1 000～1 500 倍液等进行保护。另外，还可喷防冻剂，它可在树体表面形成保护膜，减少树体热量散失，从而起到保护作用。

③ 熏烟防霜　利用浓密烟雾防止土壤热量的辐射散发，这种方法只能在最低温度不低于−2℃的情况下应用。一般熏烟最多只能提高 1℃气温。

寒潮来临前 1h，200～3 335m^2 果园安 1 个智能化烟雾发生器熏烟，熏烟持续 3～5h。在果园上风头地面用锯末、农作物秸秆、杂草等作发烟材料。一般每 667m^2 果园设 3～5 个堆点，在燃料上撒些细土或洒水，以延长发烟时间。发烟材料比例：硝酸铵 20%～30%，锯末 50%～60%，废柴油 10%，细煤粉 10%。这些材料越细越好。按上述比例配好后，装入纸袋或容器内备用。做好发烟堆：先立好木桩，再与其呈“十”字横放 1 根木桩，再将发烟材料干、湿相间堆放在木桩周围。最后在烟堆上面盖一层薄土,烟堆高 1～1.5m,堆底直径 1.5～2m,每 667m^2 果园放 3～4 堆便可。根据天气预报,当气温降至 2℃时,将堆下面的木桩去掉,用易燃材料放入近地面的孔中点燃,用压土法控制烟堆发烟状况。一般发烟时间持续 3～5h,否则防霜效果不佳。

④ 果园防霜冻风机　在果园装置防霜冻风机,投资较多。具体做法是:在牢靠的水泥底座上,竖立高 10m 左右的粗钢管,于其顶部装一台垂直旋转的风扇装置,由内燃机驱动。1 台风机可保护 3～4hm^2 果园。霜冻前,果园下部气温低,上部气温高,开机后,搅动上下空气相互流通,从而提高果园气温,达到防霜的目的。

(4)晚霜过后的管理

① 霜后要及时灌水,增强树体生理功能,迅速恢复树势,同时,补充营养。叶面喷施 0.1%～0.2%尿素+0.2%～0.3%硼砂液,或喷 0.5%蔗糖水+0.2%～0.3%硼砂液,或喷 0.2%钼肥,均有提高坐果率的作用。

② 为避免减产,霜后要立即停止疏花,同时,要延迟疏果和定果,一直推迟到幼果坐稳以后进行。

③ 加强人工授粉或蜜蜂、壁蜂传粉,提高坐果率,以保证当年不减产。

④ 充分利用晚开花结果。苹果树上有 3 批花,中心花为第一批花,边花为第二批花,腋花芽为第三批花。如中心花受冻,则应多留第二、三批花所结的果。在果量严重不足时,每序也可留双果,以确保丰收。

⑤ 加强综合管理。如采取综合措施防治病虫害,改善通风透光条件,防止因减产而造成的树势返旺。

(五)雪灾及其预防

1. 低温灾害的预测预报

(1)依据温度预测

密切关注天气预报,及时观察当地小气候温度变化,尤其是气温的变化,一旦出现激烈降温,温度接近甚至低于 0℃,需要采取预防措施。

(2)根据规律预测

掌握当地历年春秋气候变化的规律,了解当地历年低温灾害出现的规律,特别是低温冷害(冻害)的类型,发生的初、终期,最早、最晚发生日期,形成原因、天气条件,掌握不同地形地势低温灾害的轻重程度。

(3)根据经验预测

总结当地群众有关低温冻害谚语及物候反应进行预测。如“雁过十八天来霜”“三场白露一场霜”“寒夜风云少,霜冻快来了”“霜打洼地”等。

(4)根据观察预测

如果入夜后露水小,天气又晴朗,当夜就可能出现冻害。如果当夜露水特别浓,天气虽晴,一般也不会有冻害出现。为了准确掌握冻害出现的时间,可以在田里插一块铁板,由于金属降温快,铁板上将先出现霜,表面可能有冻害出现,此时需立刻采取预防措施。

2. 雪灾的预防

除通过选择适宜种植区、营造防护林、选择抗逆性强的品种等在前期建园时提前做好预防措施,建园后还可以人为采取主动措施预防和降低雪灾带来的灾害。

(1)杀灭冰核细菌

通过向作物表面喷洒防霜剂,消除植物体表面的众多冰核细菌,提高植物体的抗冻能力。抗冻剂有抗霜剂 1 号、抗霜素 1 号和抗霜保等。

(2)灌水升温

灌水可以增加近地面空气湿度,延缓温度的下降速度,提高空气温度(可使空气升温 2℃左右),在低温来临前灌水,可有效降低灾害。

(3)喷水升温

具有喷灌条件的果园,采用喷水方法防低温灾害,效果较好。在冷空气来临前 1h,利用喷灌设备对果园喷水或者喷雾,水温比气温高,预冷空气时会延缓降温。

(4)遮盖法

利用稻草、麦秸、草木灰、杂草、塑料薄膜等覆盖树盘,既可以防治冷空气袭击，又能减少地面热量向外散失，一般可提高气温 1～2℃，该法防冻时间较长。

(5)熏烟法

利用能够产生大量烟雾的柴草、牛粪、锯末、废机油或其他烟尘物质，在冻害来临前 0.5h 或 1h 点燃。烟雾能够阻挡地面热量的散失，而烟雾发生时也产生一定的热量，一般能使近地面层空气温度提高 1～2℃。该法虽成本低，但易污染大气环境，适用于短时冻害预防使用。

(6)加热法

应用煤、木炭、柴草、重油、蜡等燃烧使空气和植物体表面的温度升高，防止冷空气在近地面凝集以达到防低温的作用，是一种广泛使用的方法。另外，在低温来临前，将增热剂撒播在行间，夜间可增温 1～2℃。常用的增热剂为石灰。

(7)施肥法

在寒潮来临前早施有机肥，特别施用半腐熟的有机肥做基肥，可改善土壤结构，增强其吸热保暖的性能。也可利用半腐熟的有机肥在继续腐熟的过程中散发出的热量提高土温。

(8)扰动法

雪灾来临前，距离地面 10m 左右，开启大型风扇，或者利用直升机在低空飞行，扰动空气并混合冷暖空气，防止低温造成霜冻的效果很好。

3. 雪灾后补救措施

(1)摇落树冠积雪

如遇持续大雪，应及时将枝叶上的积雪摇落或清理防雹网上的积雪，以免压断、压裂树枝。遇积雪结冰时则不可清理，以免损伤枝叶。

(2)清理受伤枝条

对于当年新梢，顶部幼叶轻微受冻，灾后剪除带叶新梢，促使剪口下叶芽尽快萌发，恢复正常生长。对于多年生枝条，疏除被积雪压断的枝条，并涂抹伤口保护剂，防止水分蒸发，促进伤口愈合。开裂而未折断的主枝要进行捆扎或用木杆支撑，同时涂抹伤口愈合剂。

(3)喷施叶面肥

① 功能性肥料　喷施氨基酸、海藻酸、壳寡糖等叶面肥，恢复树势，促进花

序的生长发育，提高坐果率。

② 修复性保护剂　喷施0.2%磷酸二氢钾＋碧护5 000～20 000倍液，或爱多收5 000倍液，或天达2116等产品进行冻害修复，减少损失。

(4)延迟疏果促进坐果

延迟疏花疏果工作，待果坐稳坐好后，再根据标准适当留果。对于受害较轻且尚有部分没有开花的果园，喷布0.3%硼砂＋0.1%蔗糖液，以及采用人工点授、器械喷粉、花粉悬浮液喷雾等方法进行人工授粉，及时保花保果。

(5)增施速效氮肥

雪灾后，要及时穴施速效氮肥，每667m^2使用铵态氮肥（硝酸铵或硫酸铵）25kg左右。

(6)加强病虫害防治

雪后天晴喷布多抗霉素、宁南霉素等杀菌剂，及时保护树体，预防病虫害大发生。

参考文献

[1] 汪景彦，丛佩华，当代苹果[M]. 郑州：中原农民出版社，2013.

[2] 隋秀奇．烟富8(神富一号)苹果及配套生产技术[M]. 郑州：中原农民出版社，2021.

[3] 汪景彦．红富士苹果高产栽培[M]. 北京：金盾出版社，1993.

[4] 康士勤．花牛苹果[M]. 兰州：甘肃科学技术出版社，2012.

[5] 汪景彦，我的苹果缘[M]. 郑州：中原农民出版社，2012.

[6] 汪景彦，朱奇，窦连登．苹果看图治虫[M]. 北京：中国农业出版社，1996.

[7] 汪景彦，朱奇，杨良杰．苹果树合理整形修修剪图解[M]. 北京：金盾出版社，2011.

[8] 汪景彦，徐贵轩，陈宏．短枝型红富士苹果高产栽培[M]. 西安：陕西科学技术出版社，1997.

[9] 盛学荣，梁夕金，谢富才，等．免套袋晚熟富士苹果冬季栽培管理技术[J]. 果农之友，2022(11)：16-18.

[10] 李祥．种草覆盖对矮化自根砧苹果的影响[J]. 果树实用技术与信息，2022(11)：27-29.

[11] 刘中奇．苹果免套袋技术及病虫害绿色防控措施[J]. 果农之友，2023(1)：10-12.

[12] 谢富才，盛学荣，祝咏梅，等．免套袋晚熟富士苹果春季栽培管理技术[J]. 果农之友，2022(12)：17-21.

[13] 韦红霞，王妍，郗小燕，等．果园生草对苹果产量及果实品质的影响[J]. 果农之友，2022(10)：4-5.

[14] 戴兴隆，张文泉，杨有占，等．生草技术在庆阳市苹果园的应用试验[J]. 果农之友，2023(3)：5-7.

[15] 韩春妮，渭北旱塬果园生草效应与技术研究——以几种野生草本植物为例[J]. 果农之友，2023(3)：1-4.

[16] 吴会文，苹果“倒春寒”防护技术措施[J]. 果农之友，2022(2)：10.

[17] 刘维洲，范红年，杨少华，等．旱地苹果矮化自根砧栽培技术[J]. 果树实用技术与信息，2022(12)：4-6.

[18] 隋强．苹果树矮化密植栽培关键技术探究[J]. 果农之友，2023(3)：23-25.

[19] 张阿勇，王亚．无公害苹果种植枝术与病虫害防控要点[J]. 果农之友，2022(10)：41-43.